安心正念课

赵安安 著

机械工业出版社

全书分为 10 章，以"正念"为核心理念，以"提高人生的掌控力"为最终目标。1~2 章介绍正念的基本概念及正念练习的态度。3~10 章以周为单位，分别从呼吸、专注、身心合一、情绪、头脑里的念头、与烦恼和平共处、处理人际关系、成为一个完整的人等 8 个方面，由内而外，逐步升华，讲解了正念练习的方法。同时每周设置"作业"与"答疑"环节，助力每位读者完成正念练习，聆听身体告诉我们的信息，使自己的内心变得更加快乐和平静，提升自己的创造力、专注力、抗压性和身心健康水平，实现破茧成蝶的蜕变。

图书在版编目（CIP）数据

安心正念课／赵安安著. —北京：机械工业出版社，2018.6（2024.6 重印）
ISBN 978-7-111-60470-9

Ⅰ.①安… Ⅱ.①赵… Ⅲ.①成功心理—通俗读物 Ⅳ.①B848.4-49

中国版本图书馆 CIP 数据核字（2018）第 156650 号

机械工业出版社（北京市百万庄大街 22 号　邮政编码 100037）
策划编辑：姚越华　张清宇　　责任编辑：姚越华　张清宇
责任校对：王　欣　　　　　　责任印制：孙　炜
北京中科印刷有限公司印刷
2024 年 6 月第 1 版・第 3 次印刷
145mm×210mm・10 印张・174 千字
标准书号：ISBN 978-7-111-60470-9
定价：49.80 元

凡购本书，如有缺页、倒页、脱页，由本社发行部调换

电话服务	网络服务
服务咨询热线：010-88361066	机 工 官 网：www.cmpbook.com
读者购书热线：010-68326294	机 工 官 博：weibo.com/cmp1952
010-88379203	金　书　网：www.golden-book.com
封面无防伪标均为盗版	教育服务网：www.cmpedu.com

推荐序

古艺可解新愁,文化初心乃道

高尚仁 博导,著名心理学家,港大讲座教授,国际书法治疗学会会长

人类文明的演进,以丰富的文化内涵为动力,始能获得举世的辉煌。东西方文明数千年来,分别以独特的文化面貌,累积成当今优秀的传统和资产。文化的交流是双向的影响和感动,中国的文化传承是举世的功业,照亮和引领我们五千年。在跨文化的互动、互惠及共荣的美好经验中,我们永远受益于文化精髓的原性与初心,它驱动和美善了文化的力量,创造出进步及超越。这就是"不忘初心,牢记使命,方得始终"的基本精神,也是中国文化传统对于人性和心理最高阶、最深层的阐释和展现。

心理意识和物质世界关系的分与合,是中西文化在本体论上的差异,这也衍生出探索与理解世界的不同路径。对于西方人而言,由于主张心物分离,所以对于世界的探索,是经由将结构分

拆成块,各自了解后再将它们组装,即所谓的解构还原。从本体论、认识论到方法论,都是一种不断地切割的思维模式,因此发展出科学和逻辑的推理方法,借由拼凑组合细节以观全貌,以认识整个世界及整个宇宙。

中国人却不是这样想的。源于心物一元的本体论,导致我们有整体的、系统的认识论,但是我们如何认识整体?如何更加了解这个系统?那就透过往内在探索、反观觉察、关照自己的思维和方法;因为心物是一元的,把自己看得明白透彻,便能够对世界有所认识。因此,我们想要了解宇宙和世界,得先从了解自己的精神内在开始,所以在趋近真理的途径上,东方是通过反观内照、返璞归真,西方则是向外以科学和逻辑推理,来追求真理,两者路径大不相同,却有共同的目标,殊途而同归。

"不忘初心"是中国的传统哲思和文化核心,重视往内去发现我们的自有本性。儒者孟子认为人性本善。《大学》记载:"大学之道,在明明德,在亲民,在止于至善。"每个人内在都具备光明德性,我们要如何找回明德和至善的本心?"知止而后有定,定而后能静,静而后能安,安而后能虑,虑而后能得。"全心全力,求诸自己,乃是正道。

正念便是练习将心思拉回当下时空,定锚在呼吸或是身体上观照自己,于安静安定的状态中观察自己的起心动念。在过程中,让内在智慧逐渐地显现,不再坚持成见。开放自己,也许会出现一些从未想过、深富创思的洞见。佛家说的明心见性，见性成佛，心思清净澄明，便能看到自己本具的佛性。道家说的返璞归真，亦即当我们的心能够依循天道，致虚极守静笃、不生杂念无思虑，就可以回到真理的源头。儒释道共同传递的理念是，人若要自我实现或是自我超越，就必须要让心境安静清净，才能回归内在光明的初始本性。那是真理的源点，也是最终的目的，即所谓"不忘初心，方得始终"。

我们如何用科学的语言和内涵，重新论述中国传统文化里的思想观念，并且让传统文化能够传播，弘扬于全世界？则必须踏着科学的路径，向外探索求真，以实验和调查来验证，方能融合传统与现代的精华，构建新的文化内涵和意义。近年来，东方文明的重磅文化项目，广受全球人们的欢迎与追随，正念就是其中之一。

风靡西方的正念课程，在中国原是禅宗的个人修行之道，后来经由美国的卡巴金博士，将正念课程去除宗教色彩后，成为一套科学化和系统化的操作方法。这让千百年来只存在于庙堂和小众的正念得以传播到全世界，也回归到华人社会的生活之中。为什么它在西方能够广受欢迎？便是因为它经过科学验证，具有提高自我认识、促进身心健康、改善人际关系等积极效果和正面影响。

西方广泛使用的认知行为疗法，是要人们察觉自己的想法当中有许多扭曲的成分，并且以正面的思想转念。**正念则**

主张让个人能够觉察自己有负面扭曲的想法，但是不企图去矫正它，不批判也不执着于任一念头，以无为、不变、自然的态度来自我调整。东方难以言明的古老智慧，在西方却被视为流行的健康生活方式，此正是中国传统文化的现代化的绝佳范例。又如在中国文化中被视为艺术的书法，依现代科学证实，其对于身心健康具有改善的功效，已然从书法艺术衍生为书法治疗。东方传统文化要在世界传开，广益人们的身心健康、幸福喜乐，现代化和科学化是理想的路径。古艺可解新愁，文化初心乃道！

前 言

正念，知行合一的真功夫

正念，大道至简。看似简单力量强大，蕴含的底蕴却非常深远。

一直以来，东西方文化对于心灵概念的理解与领会有着不同的看法。对于西方人来说，内在心理意识和外在物质世界呈现对立状态，因而衍生出唯物主义与唯心主义，主观的心和客观的物分离，此为心物二元论。然而，中国传统文化中的世界宇宙观主张的是心统摄物，内在心理意识和外在物质世界并非对立关系，而是相连互通，采用的是心物一元论。如阳明先生说的心外无物，心外无理；佛家所说的不二法门。

西方启蒙运动提倡理性思想，人和天的关系形成一种对立、客观的思考方式，促进科学革命的开展，即所谓的天人对立。客观的科学研究成果，可以被教育传扬，形成一般人能够了解的科普知识，对于平凡人来说，科学是帮助我们理解这个世界的方法。

然而东方则主张天人合一的心灵观，天人合一的思想来自圣贤先人的体验。这种经验难以用语言传达，所谓"道可道，非常道"。大部分的人资质平庸，真正领悟者少之又少。多数人认为东方的科技远远落后于西方，但并不代表东方的思想落后于西方，套用一句朱清时院士的名言："当科学家攀爬到高峰的时候，才发现原来佛学已经在山顶等着。"中国传统文化亦将在世界舞台上复兴，因为西方的科学普及了人的知识，当科学进步到极致，想要再往前，反而需要凭借东方的哲学。

天人对立以及天人合一的思想，究竟孰是孰非？天人对立是客观的理解，其目的在于以客观的角度来分析，形成对世界透彻的知识。天人合一则是主观的经验，如果失去主观的经验和行动的话，只有客观角度，永远无法对自己甚至对世界有深入的理解。因此，天人合一或是天人对立并不是冲突，而是辩证，两者相辅相成，横跨东西方文化的现代人，知行合一是我们要做的真功夫。正念具有扎实的科学基础，只要你愿意每天都花一点时间来做练习，八周以后就会感受到转变，这是大量的研究数据已经证实的。

硅谷的科技企业如苹果、脸书以及谷歌，都为员工开设正念课程，也鼓励企业外部的人一起来学习。比如苹果公司就将正念内建在自己的 iOS 系统里面，和睡眠、营养、健身并列为保持健康的四大支柱，让使用者可以随时随地练习。正念已被研究发现可以提高创造力，不仅如此，在学习正念以后，你还会发现专注力大幅提高了，你可以花更少的时间把事情做完，工作效率因此提高。

人通常对自己注意力的散失是不知不觉的，但是现在开始练习，就能在察觉自己注意力的飘散，重新将注意力摆放回当下要做的事情。练习越多，我们的觉察越敏锐。

身处高度压力的工作环境，又必须要保持清晰的头脑是很不容易的，知名的投资机构美林和高盛，以及咨询公司麦肯锡和埃森哲，都为员工设置了正念课程。一般人通常压力大时就容易慌了手脚，无法保持理性。这跟大脑的先天机制有关，当我们面临威胁的时候，就容易做出情绪化的决策。但是在练习正念后，我们的脑部会发生改变，面对有压力的情境，仍然可以维持理性决策的能力。

除了在职场应用，正念也在学校里推广。哈佛大学和斯坦福大学，以及世界500强CEO就读最多的西点军校，皆为学生提供正念课程。研究发现，学生练习正念后，记忆力会变好，考试成绩也会提高。牛津大学还设立了正念中心，专门培养研究生人才去从事研究和教学。

正念学习是让人放松充电的过程。我们学习觉察自己目前的情绪状况，即使有负面情绪，也不要抗拒，不要执着，接纳自己所有的情绪，慢慢把它转化成正面的力量，我们会变得更加快乐。我们也会更加懂得聆听身体的讯息，以身体所需要的方式去帮助它变得健康。有证据显示，正念对于心血管疾病、消化性疾病、慢性疼痛、肥胖症等身心症状的康复皆有助益。

学习正念，帮助的不只是自己，身边的人也会因为你内在的变化而得益。我们将变得更加有同理心和慈悲心，待人处世也越来越和谐。有证据显示，夫妻或是父母练习正念，他们相互之间或与孩子之间的关系变好了，工作场合的人际关系也改善了。有的研究甚至发现，在八周正念课程以后持续练习，一年以后性格竟然也可以改变。有句话说：江山易改，本性难移。为什么正念可以让性格改变？那是因为我们的脑部结构和神经回路改变了。研究发现，长期练习正念的人，情绪稳定度会提高，在面对困难和压力时，不易被负面情绪困扰；同时也更为尽责自律，能够自动自发、按部就班地将任务完成。

正念在西方已经蔚为风潮，2014年《时代》杂志甚至把这个风潮称之为"正念革命"，还登上了当中一期的封面。从20世纪80年代开始，医院将正念推广给慢性疼痛的病人。由于成效卓著，学习正念逐渐在企业、社区、学校等不同的场所铺开，练习者的数据被收集分析，效果确实经得起科学验证。

正念，就是带着慈悲和放松，专注在每一刻的当下。

多年之前，我一夕之间失去了感情与事业，就在人生的低潮，遇见了正念。在学习的过程中，心中的伤口逐渐愈合，我的智慧增长了，逐渐看到事情的本质、背后的缘由以及自己的面貌；我的勇气增加了，不再害怕眼前碰到的困难；我的慈悲心也提高了，选择原谅和宽恕，感恩一切的发生。

我变得更加坚强勇敢，同时保有一颗温柔友爱的心。正念让我放下过去，活在当下，创造未来；帮助我重新站起来，开创自己的事业，照顾关爱身旁的人，和自己和好，也和他人和好。身旁的人都觉得我的复原力不可思议，这都是正念的功劳。

人基于恐惧坏的结局而改变自己，这是初期层次，让我们得以开启修身养性的过程。当我们在登顶之旅的过程中越爬越高，"会当凌绝顶，一览众山小"，渐渐地我们会从一个害怕受罚认罪忏悔的层次，去到另外一个更高的层次：真心地爱自己爱众生，希望自己和他人都幸福，愿意去改变自己。这个层次是从忏悔赎罪，进入到愿意原谅自己和他人、放下心中愤怒和怨恨，修正自己的行为，让自己越来越好，世界越来越和平。

我相信正念也可以让你的生命改变，使你更加有智慧，更加有勇气，更加充满爱。你会发现快乐的元素已然具足，不假外求。正念是件简单的事，却带来无穷的力量。安安老师邀请你，让正念进入你的生活，带你活出不一样的人生。

最后，安安老师提醒大家，目录中特别设置了"♪"和"◉"两种符号，大家可以在书中对应位置找到安安老师精心录制的正念练习课程（以二维码方式呈现）。"♪"表示课程内容为音频，"◉"表示课程内容为视频。

目 录

推荐序

前 言

正念是什么

1. 正念是当下的专注与觉察 / 003
2. 正念可以提高快乐的水平 / 009
3. 增加慈悲心与同理心，人际关系更圆满 / 013
4. 提高工作效率，降低工作压力 / 016
5. 促进创造力 / 018

正念练习的态度

1. 初心（beginner's mind）
   ——让每一次体验都像第一次 / 025
2. 接纳（acceptance）
   ——让你不纠结的秘诀 / 028
3. 信任（trust）
   ——自我实现的预言 / 032
4. 耐心（patience）
   ——快与慢并不是绝对 / 037
5. 放下（letting go）
   ——放不下，就先放着吧 / 039

6. 感谢（gratitude）

　　——反馈生命中的美好 / 042

7. 施予（generosity）

　　——与世界积极联结 / 044

8. 不评断（non-judging）

　　——看见更多可能性的智慧 / 047

9. 不用力追求（non-striving）

　　——不费力就达成目标 / 050

正念从呼吸开始

1. 持续正念，性格也能改变 / 057
2. 留意呼吸，觉察自己 / 061
3. 将溃散的注意力一次次收回来 / 064
4. 专心走路，专心吃饭，专注力越来越高 / 067
5. 用正念给自己一个空间：活在当下 / 069
6. 第一周的正念练习 / 074

　　♪ 观呼吸 / 074

　　♪ 正念进食 / 077

7. 第一周作业 / 080
8. 问与答 / 082

把专注带进身体

1. 练习正念时五种常见的障碍 / 091
2. 五种障碍，也常出现在生活中 / 094
3. 四步摆脱五种障碍的困扰 / 096
4. 正念的原则：开放的心，持续练习 / 099
5. 第二周的正念练习 / 102

♪ 身体扫描 / 102

♪ 正念行走 / 106

6. 第二周作业 / 108

7. 问与答 / 111

第五章 让身体与呼吸合二为一

1. "全人"是身心合一的整体 / 117
2. 身心合一才能觉察身体的问题 / 119
3. 学习"默照"的功夫 / 120
4. 接受生命中一切的变化 / 122
5. 第三周的正念练习 / 125

    ♪ 身心合一的呼吸 / 125

    ♪ 正念伸展 / 126

6. 第三周作业 / 130
7. 问与答 / 132

第六章 解码情绪的反应

1. 了解情绪的源头,觉察自己的内心 / 139
2. 头脑中的自动化导航系统如何工作 / 142
3. 写心情日记,觉察自动化导航系统 / 144
4. 让情绪来去不执着 / 147
5. 练习正念认知疗法,摆脱情绪困扰 / 148
6. 第四周的正念练习 / 151

    ♪ 观情绪 / 151

7. 第四周作业 / 154
8. 问与答 / 156

第七章 看见头脑里的念头

1. 念头里常见的思维误区 / 165
2. 练习写"正念观虫日记"/ 173
3. 用后设认知应对思维误区 / 175
4. 心念是我们自己制造的幻境 / 178
5. 第五周的正念练习 / 180
   ♪ 观声音和念头 / 180
6. 第五周作业 / 183
7. 问与答 / 184

第八章 与烦恼和平共处

1. 接纳为改变之母 / 191
2. 放下好恶之心 / 194
3. 与烦恼和平共处 / 200
4. 让自己开阔，让自己成为天空 / 203
5. 第六周的正念练习 / 205
   ♪ 与烦恼和平共处 / 205
    正念体操 / 207
6. 第六周作业 / 210
7. 问与答 / 211

第九章 正念处理人际关系

1. 做自己最好的朋友 / 221
2. 以慈悲心觉察自己 / 227
3. 以慈悲心对待他人 / 229
4. 五种常见的人际沟通惯性反应 / 231

5. 正念沟通，先跟后带 / 233
6. 第七周的正念练习 / 239
   - ♪ 慈悲心的练习 / 239
   - ♪ 拥抱内在小孩 / 242
7. 第七周作业 / 245
8. 问与答 / 247

成为一个完整的人

1. 头脑习惯的除旧布新 / 259
2. 随时随地正念一下 / 266
3. 过能量平衡的生活 / 268
4. 为人生准备一些正能量 / 272
5. 第八周的正念练习 / 276
   - ♪ 3 分钟正念沙漏 / 276
6. 第八周作业 / 278
7. 结语 / 280

附录　正念课程学员回顾 / 286

参考文献 / 299

第一章 正念是什么

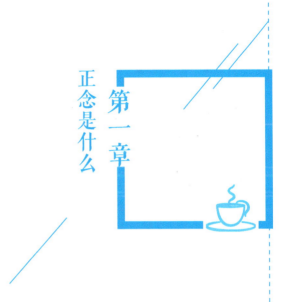

正念的"念",指的是当下的想法、念头。中国的老祖先造字真有智慧,"今""心"为念。问问自己,如今我的心在哪里?觉察自己此时的心,观照自己此刻的心,这就是念。那么如何觉察?如何观照?要基于事实,而非跟随自己的想象或编造。正念的"正",意即为"不妄不虚",不让念头成为妄想和虚构,一旦进入自己想象或编造的虚构和妄想,念头就偏离了、不正了。正念是时时刻刻不加评断的觉知,放下自我的执念,专注觉察当下发生的一切。

1. 正念是当下的专注与觉察

在咨询室中,常常有很多来访者说:"不知不觉这么多年过去了,不知道自己到底在干什么。"这些来访者总是在担心明天,却又缅怀着昨日,把精力都丧失在昨天和明天,所以没有办法把今天过好,过了一个又一个空白的今天,不知不觉就老了。大家是不是也有类似的感觉?学习正念,可以让我们具备旁观者清的能力,换句话说,我们是自己的观察者,可以看清楚自己的心思变化。

慢慢来,比较快

我们的社会目前陷入了一种状况,我称之为"瞎忙症",大家都很忙,好像陀螺一样转来转去,但是很多时候陀螺都是在原地打转的。回顾自己到底做了什么,就会发现好像自己忙的程度,跟真正达到的效果不成比例。

有一句话叫作"慢慢来，比较快"。有研究发现，如果受试者以正念的方式来工作，他们在工作上可以节省大概20%~40%的时间。所以当我们专心地先做一件事情，再做另外一件事情的效率，其实快过那些同时做五件事的人。慢慢来，真的比较快。

在现代忙碌的社会里，你可能觉得慢慢来太困难了，没有时间。一行禅师和他的朋友艾伦有一段对话，说明了这个问题的解决方法。

一行禅师问艾伦："你觉得家庭生活轻松吗？"

艾伦没有直接回答，他说："自从小女儿出生以后，我已经几个星期没睡过好觉了。但是现在我试着不再去分割时间，我把陪大儿子的时间也当作我自己的时间，帮他辅导家庭作业时，我想办法把他的时间看作是我自己的，我和他一起做作业，感受他的存在，并且想办法让自己对我们在那段时间里做的事情感兴趣，结果不可思议的是现在我似乎有了无限的时间给自己。"

有许多正念课程的学员分享，以前的生活总是匆匆忙忙，汲汲营营，现在渐渐地变得从容不迫了，就像艾伦在陪伴儿子一起学习时，对于当下保持清醒的觉知，所以他拥有了更多的时间。

从华尔街的投资银行如高盛和美林，到硅谷的高科技公司如谷歌和苹果，从一流的顾问公司如麦肯锡和埃森哲，到世界五百强CEO的培育学府如哈佛商学院和西点军校，它们都在内部开设正念课程，鼓励员工或学生去练习正念。这些是走在世界最前端的机构，必须具备最快的创新，最高的效率，为什么它们愿意让人花时间去练习正念？因为它们发现员工或学生在练习正念之后，创造力、专注力、抗压性和身心健康都有所提升。此外，实证显示，学习正念的主管做事（创造绩效的能力）和带人（领导部属的能力）都变得更好，所以这些单位坚持在内部推广正念训练。

苹果创办人史蒂夫·乔布斯（Steve Jobs）年轻时曾经花了7个月时间在印度学习冥想，乔布斯曾说过："在印度学习冥想的时光塑造了我的世界观，并最终影响了苹果的产品设计。"对冲基金巨头雷伊·达里奥（Ray Dalio）坚持冥想已经40多年，他说："冥想是帮助我成功的最重要因素。"这些伟大的企业家都从正念过程中学会了提高工作效率、集中注意力的方法，开拓了创新思考的潜能和心灵平静的力量。

正念不等于冥想和打坐

大部分人可能认为正念就是"冥想打坐"，其实正念包含很多的形式，不只是冥想打坐的时候正念，吃东西也可以很正念，甚至走路也可以很正念。它是一种态度，你可以应用在生活当中的各个层面。

人进入正念冥想（mindfulness meditation）时，身体的肌肉是放松的，但是精神意念是集中的。这其中有两个层面：第一个层面是将你的意念固定在一个点上，如自己的呼吸，或者有些宗教的冥想可能会要求重复念某个经文或咒语;第二层面是广泛地打开所有感官去觉察你的内外,所有你听到的声音、闻到的味道以及空气的温度,甚至是觉察身体各个部位的感觉,心里的情绪,还有头脑的想法。

前者的正念冥想法是把你的意识收窄并专注于一件事上,我们称之为集中式觉察(focus attention);后者的正念冥想法是在冥想中全然地开放去感受和观察,将意识感官整个打开,全然地觉知发生的一切,我们称之为开放式觉察(open monitoring)。敞开自己觉察当下,学习接受一切的事物,不带好恶进行评判,心会逐渐变得宽广。

有这样一部纪录片,纪录片中,主持人去访问每个行业当中顶尖的专家,包括享誉国际的神经外科医生、米其林三星餐厅的主厨或者是国宝级的雕塑大师。他们都分享了各自在工作时候的状态:**全然投注在自己工作中的每一个步骤,以至于他们的感官可以放大数倍,能够察觉到许多细微的变化。**例如神经外科医生在开刀时,能够察觉到病人神经的细微变化;米其林的三星主厨在烹调时,能够感觉到食材的细微变化;雕塑大师在捏陶时,可以感受到陶土在他手中的细微变化。这些都需要我们把全部的注意力放在当下,打开感官,好好地去觉察自己的每一步在做什么。

一位僧人得道了。有个小和尚问他:"师父,你得道之前在做什么?"

师父说:"吃饭、扫地、砍柴。"

小和尚又问:"那得道之后呢?"

师父说:"吃饭、扫地、砍柴。"

小和尚说:"两者差别在哪里?"

师父说:"以前我是吃饭的时候想着砍柴,砍柴的时候想着扫地,扫地的时候想着吃饭。现在就是吃饭的时候吃饭,砍柴的时候砍柴,扫地的时候扫地,也就是,活在当下。"

师父的心思意念不偏离,就只放在当下该做的事情上,而且是打开所有的感官,细细地去觉察当下的每一件事,包括砍柴的力度、扫地的角度、煮饭的温度等,他都能够一一感受,这也是练习正念中最重要的第一步:学习觉察。

开放式觉察的练习

为了让大家更进一步了解什么是开放式觉察,我们玩一个游戏。首先,从图1-1的6张纸牌中,你随便选一张,记在心里就行。

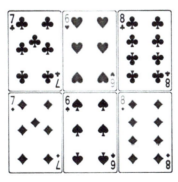

图1-1 待选纸牌

接下来，请看图1-2，我已经把你心里想的纸牌拿走了。

图1-2　剩余纸牌

"哇！好惊讶！"这是大家结束游戏时的反应。第二次玩的时候就发现端倪了。第一次玩的时候，我们所有的注意力都只放在被拿走的牌上。但是第二次玩的时候，我们不只会注意挑选的牌，也会注意周遭所有的牌，我们是开放地觉察当下所有的信息，因此就会发现，虽然后面没有出现挑选的牌，但也察觉到所有的牌全部换掉了。

在8堂的课程里面，大家先从集中式觉察的练习开始，渐渐地到后面的开放式觉察的练习，学会开放自己去觉察和接纳你的身体、情绪、想法与环境。

2. 正念可以提高快乐的水平

正念练习初期可以跟着音频或文字的指导来练习，练习久了，大脑形成了固定的神经回路，那么不跟着音频或文字来做练习也是可以的。就像我们刚开始学游泳，手画圈为一，脚后踢为二，一二一二数着，才不会乱掉。但是久了以后，慢慢地这个东西就被内化成一个肌肉的记忆，我们不需要特别去数数。

每天要练习几次呢？想要练习的时候就可以来练习了。一些禅修营可能会花 3 天、5 天或 7 天的时间，每天除了吃饭和睡觉以外，其他的时间就是在做正念的静坐或是行走练习，如果你有时间的话，其实可以多加练习；如果你的时间并没有那么充裕，请至少每天要做一次正念练习。在忙碌的时候，比如开车去开会，到了开会的地点停好车，在车上做个 10 分钟的正念练习，然后再去开会，能够帮助你开会的时候更加地平静专注，所以练习多多益善！

大家可以尝试在一天的生活中，找一段最不会被打扰而且是可以充分利用的时间，去做每日的正念练习。你可以利用早上起床、中午午休或晚上睡前的空当，花上15～30分钟做练习，时间虽然不多，收获的帮助却远远超出你的想象。比如Twitter和Square两家公司的CEO杰克·多西（Jack Dorsey）每天早晨5点起床冥想半小时，高盛董事会委员威廉·乔治（William George）练习冥想近40年，由于经常出差，他总是利用搭飞机的时间练习。

每日练正念，健康又快乐

只要我们持续不断练习正念，就可以改变自己的快乐水平。

过去研究发现，一般人持续练习正念8周之后，他们脑波中左前额叶皮质的活动就会高于右前额叶皮质的活动。一般来说，大脑右前额叶掌管一个人的反感机制，碰到不喜欢的事情，当我们体验到一些负面情绪，例如忧郁、焦虑、沮丧、害怕的时候，我们的右前额叶皮质就会变得比较活跃，因为这些情绪是我们不喜欢的，就会习惯性地压抑它、逃避它，或者是推开它。

反之，左前额叶掌管一个人的趋向机制，遇到我们想要去亲近、去探索的事情，在开心、兴奋的时候，我们的左前额叶皮质就开始活跃起来，因为我们喜欢这个情绪，想要去亲近它，更多地探索它、接触它。

也就是说，长期练习正念的人脑中，更多出现的是一个趋向机制，而不是一个反感机制。这也表示，大脑感受到的正面情绪比负面情绪更多。一般来说，当遭遇到悲伤或不喜欢的情境时，我们一定是反感的，不想去亲近它。但是，在正念练习里面，我们试着去跟自己的烦恼和平共处，试着去接纳和探索负面的感受。而当我们愿意探索、亲近和处理的时候，左前额叶皮质的活动就会高于右前额叶皮质的活动，就更容易看到负面情绪的解除，以及正面情绪的出现。

接纳你的害怕和恐惧

"活在当下"是你愿意接受现在所处的状况，这能帮助你拥有从容和勇气。你愿意接受沮丧、害怕，才能够不沮丧、不害怕。逃避与抗拒通常是出于恐惧，但其实这些恐惧很多时候都是自己想象出来的。

在原始时代，人类必须懂得害怕，因为在野外有狮子老虎会吃人。拥有恐惧的本能，我们才可以反击或是逃跑，才能够生存下去。但是在现代社会，其实很多攸关生存的威胁已经不存在了，大部分让我们害怕的，都是自己臆想的恐惧。

事实上，当你愿意跟害怕待在一起时，再去观察恐惧，会发现恐惧好像没有原本想的那么可怕，这个恐惧刺激带给你的感觉是会变化的。怎么样去接纳你不喜欢的东西，事实上没有什么秘诀，就是需要你愿意真实地去观察它带来的感觉——那个愤怒，那个恐惧。如实观照自己是接纳的第一步。当你发现很多情绪都是想象的时候,生气和害怕就会慢慢消失了。所以活在当下,就是你愿意接受自己现在的状态,而不是逃避和抗拒。

研究发现,在临床上经过8周的正念练习后,练习者的大脑发生了一些变化,他们的杏仁核变小了,但是前额叶皮质却变厚了。杏仁核这个部位是大脑中促发恐惧及相关情绪的原始区域,面对压力的打或逃反应就是由它启动的。前额叶则与高级脑功能相关,例如意识、专注力、决策、社交能力、同理心等。因此,正念练习后杏仁核的缩小,前额叶皮质的增厚,表示原始的压力反应被高阶的理性回应所取代了。由于减少了大脑的低级反应,因此改善了慢性压力反应所引发的生理疾病,比如高血压、心脏病、癌症、肠胃问题、气喘、慢性疼痛、自律神经失调等。同时,也改善了长期负面情绪所引发的心理疾病,如睡眠障碍、焦虑症、恐慌症、忧郁症等。另一方面,研究也发现,对于非临床人群,正念练习也具有增加积极心理和幸福感的效用。

要特别说明的是,并不是练习8周正念,我们身上所有的身心疾病就会完全康复,而是正念练习可以改善我们在这些疾病上的一些反应指标,如压力荷尔蒙反应、身体发炎反应等。目前,苹果手机操作系统在iOS10以上皆可以看到"正念"训练已成为用户记录健康信息的应用APP,与"健身""营养"和"睡眠"一起并列成为健康四大板块。安安老师建议大家每日练习,让自己运用正念,提高身心健康水平。

3. 增加慈悲心与同理心，人际关系更圆满

在练习正念过程中，练习者如果愿意去探索和亲近所发生的一切，脑中会产生一个趋向的机制，促使我们开放心胸，提升快乐水平，化解负面情绪。在练习正念8周以后，我们发现练习者的脑电波改变了，而如果一个人持续练习几年，那就会产生更大的改变，甚至会改变脑部的生理结构。

研究发现，有多年正念练习经验的人，较之于没有正念练习经验的人，他们的脑前额叶皮质比较厚，脑岛也比较大。前额叶与专注力、执行力、抽象思考、自我抑制、情绪管控、同理心、解读社交行为、了解他人心智的人际应对及社交能力密切相关，因此被称为"社交脑"（social brain）。

脑岛和"自我知觉"有关，就是一个人知道

自己的身体和心里的感觉是什么，也能够对他人的身体和心理的感觉"感同身受"，让自己可以跟他人产生情感联结。有一个词叫"相由心生"，当持续练习正念，不只你的性格和心态会改变，就连你的脑部生理结构都会跟着改变。你更加地能够同理共情，知道如何与他人情感联结，社交应对，并且慈悲地待人爱己。

世界上最快乐的人是谁

正念是以不评判的态度学习观察自我内在世界与外在世界的练习，所以正念可以增加人们对别人的同理心。许多研究都证实，人们在经过正念课程训练后，明显较训练前产生更高的同理心。

练习正念愈多的人，能与伴侣相处得愈快乐。在人际关系中不加批判地觉察自身与他人的情绪和想法，而不是碰到人际冲突时不自觉产生攻击或逃避的反应，所以正念可以增强人际关系。除了夫妻关系有改善外，证据也显示，对于一般场域中的人际相处，正念能够增强我们对关系的觉察，降低应对关系冲突时的情绪压力，使我们出现较少的愤怒和焦虑，更能有效地处理自己与他人的情绪，增加人际幸福感。愈来愈多的研究发现，透过正念练习，在人际交往过程中，不但能够更同理地关怀别人的需求，还能增强在社交场合表达自己的能力。

慈悲心包含"慈心"与"悲心"。"悲心"是指"同体大悲",意思就是看到对方的难过,我也可以感觉到,同理共情对方的感受。"悲"会生出"慈","慈心"是一种祝福,一种关怀,一种支持,我希望我祝福的对象可以过得很好,这个对象不仅是他人,也包含了自己。

世上最快乐的人是谁?他叫马修·李卡德(Matthieu Ricard)。原来,脑中的快乐是有办法去测量的,脑部扫描发现,他的左前额皮层较右前额皮层活跃许多,这使他获得高度的快乐感受。他的快乐指数,完全超出一般人,他是到目前为止,经由科学鉴定最快乐的人。我们不禁要问:在他被测试的时候,究竟他在想什么呢?会不会是一些很顽皮搞笑的东西?事实上,他在禅修冥想着慈悲。根据李卡德个人的经验,慈悲就是他最快乐的状态。

4. 提高工作效率，降低工作压力

一个由俄勒冈大学与德州理工大学一同进行的研究发现，人们参加正念训练 11 小时之后，对比于正念课程前，大脑白质的完整性和工作效率都提高了。大脑白质组织可连接和保护大脑前扣带皮层的神经元，可让人们在进行决策时更理性，更能有效解决棘手的问题。

或许这可以解释为什么正念练习对学生有很大的帮助，证据显示，大学生每天花 10 分钟来进行正念练习，持续两周后，他们在 GRE（Graduate Record Examination）词汇部分的成绩可以获得较高的分数，而且他们的记忆力和注意力都有提升。迈阿密大学的研究还发现，让海军士兵每天进行 12 分钟的正念冥想练习，可以让他们保持高度注意力，维持工作记忆，提高集中精力的能力。如果他们练习时间不足 12 分钟，或完全没有练习，则在执行任务时的表现就会有所退步。由此可见，持续的正念练习可以帮助我们获得更好的工作绩效与学业成就。

有越来越多的证据显示，受过正念减压疗程训练的员工，明显感受到工作压力降低、睡眠质量提升以及自律神经功能改善等好处。因此，安安老师建议大家，在工作繁忙之际，抽出10分钟练习正念，你的工作效率和抗压能力都会大大提高。

5. 促进创造力

正念是否可以促进创造力？目前的研究显示答案是肯定的。在正念课程里，我们会练习"观声音"与"观念头"，它是一个广泛的、开放式的觉察。这种开放式的觉察，对于创造力的两个重要因素的形成是很有帮助的。

不设限的魔力

第一个因素是"不设限"，我们不戴有色眼镜、不带评断地去觉察，这样的练习可以帮助我们打破限制，不管遇到什么，我们都可以接受它，而不是批评它。

有这样一个有趣的实验：

研究者让学生玩一个简单的迷宫游戏，目标是协助一只卡通鼠安全走到出口。迷宫有两种形式：一种在迷宫出口外面画了一块奶酪，卡通鼠若找到出口就可以获得奶酪；另一种在迷宫上方画了一只猫头鹰，卡通鼠得找到出口才不会被猫头鹰给吃掉。结果发现，玩奶酪迷宫的学生和玩猫头鹰迷宫的学生，这两组人协助卡通鼠找到出口的时间相差无几。

研究者在学生完成游戏后，对他们进行创造力的测试。结果，玩猫头鹰迷宫的学生创造力测试的分数比玩奶酪迷宫的学生少了五成，这是为什么呢？

我们前面讲过大脑的反感机制和趋向机制。学生在走猫头鹰迷宫的时候产生了恐惧和焦虑的情绪，反感机制启动的时候，学生就关闭了创新的可能性，所以创造力自然会减低。反之，学生在奶酪迷宫里启动的是乐于探索的趋向机制，当拥有开放不设限的心态时，创造力自然显现。现在许多工作需要高度创新，正念是一个很好的锻炼方式。

另一个有趣的研究：

找一群学生做创造力测验，让学生坐在两间不同的教室里，一间教室里的地上画了白线，学生被框在白线里面做测验，另外一间教室的地上没有白线。最后的结果是，被白线框住的学生创造力分数较低。所以我们可以看到，要提高创造力，跳脱限制是一个很重要的因素。

从心理学的角度来看，适当的放松与放空，从原本的思考框架里面跳脱出来，有助于注意力的恢复以及新点子的产生。我们甚至可以每天都抽一小段时间，放空头脑，清除杂念。

如果觉得头脑中的杂念还是很多,那么就选择做一件只需动手不需动脑的事情,让我们把注意力的焦点从头脑转到双手,比如说种花、煮饭、打扫,把专注力放在简单的事情上,让头脑可以沉淀下来休息。把自己放空,放下执着和预期,每个瞬间顺其自然,生命自然会带来惊喜和收获。

甚至有时候在工作当中,觉得疲累辛苦的时候,只要闭上眼睛,专注在你的一呼一吸上,你就可以回到内在的宁静之地,可能只花你 3 分钟的时间,但是你整个人就从压力里面出来了。

所以就算工作节奏再快、强度再高,每天也要抽一点时间出来,让自己可以练习正念,那会帮助你恢复精力,真实地去感受自己的身心合而为一。

重新组合的能力

第二个重要因素是"重新组合的能力",意指把旧有的事物拆解后重新组合,或者是发现旧事物里面的新元素然后再重组。在这种开放式的觉察里面,我们会发现很多在旧事物里的新元素,比如说"正念进食":我们可能从来没有发现,原来食物吃起来是那样的味道。我们好像打开新的眼睛去察觉到自己旧习惯里面的新元素,当我们可以把这些新的部分拿来重组的时候,这就会增加自己的创造力。

大家听过古希腊科学家阿基米德的故事吗?

2200 多年以前,西西里岛上有个属于希腊的叙拉古王国,国王名叫希罗。盛大的祭神节就要到了，国王把黄金拿给工匠说，你帮我做一顶黄金王冠，我要戴着黄金王冠去参加祭神节。工匠做好了王冠交给国王，国王起了疑心，他把阿基米德找来说，我不知道这个工匠在制作的过程当中，是把我所给他的所有黄金都拿去做王冠，还是他掺杂了一些其他的东西在里面，你有没有方法可以测出这顶王冠的成色？阿基米德前思后想，吃饭的时候也在想，睡觉的时候也在想，走路的时候也在想，但仍然想不出来要怎么做。

在仆人的劝告下，阿基米德暂时把这个问题抛到九霄云外，去澡堂放松一下。阿基米德将身体泡进浴池的时候，浴池的水哗啦啦地从周围流出来。突然间，他狂喜不已，大声呼喊：我找到了！我找到了！我可以用水来测量物体的体积，如果我把与王冠等重的金子放在水里，溢出来的水跟王冠放进水里溢出来的水一样多的话，那就代表王冠是用等重的纯金做的，如果不是，那就代表有掺杂别的东西。国王用这个方法发现了金冠掺假。国王问他是怎么找到解决方法的，他说，先暂时不想要去解决的这个问题，然后什么事都不做，就是在放松泡澡。

人要迸发新想法的时候，有时候必须要经历一个过程，从原本的思考框架里面跳脱出来，然后和现在进行的事情当中的元素结合起来，结合起来的东西可能就会形成一个新的想法。**从旧事物里发现新元素，这就是创造力。**

研究创造力的心理学家约翰·库尼奥斯（John Kounios）说

过一个例子，如果你家的后院有一些砖头，除了当成建材在后院盖个烤窑，还有什么其他的作用吗？有一天，当你突然看见隔壁邻居的胡桃树长出胡桃来了，你再看到砖头的时候，你可能就会想到，这些砖头除了拿来盖窑，还可以拿来敲开邻居的胡桃。**所谓创造力的形成，就是在我们本来习惯的思考模式上，在熟悉的事物当中发现新元素，这些新元素可以跟我们旧有的想法结合起来，形成一个新概念，这就是创造力的产生。**

平常很熟悉的事情，如果用正念的方法来做，就可以从熟悉的事物当中觉察一些新的元素，可能你以前从来没有觉察到，但是它们一直在那里，等待你去发现。日常例行的行住坐卧，看似简单无须用心，但是当你专注地把手头上的一件小事做好，同时打开自己的感官觉知，细细地去体会个中的奥妙，你也许会发现一些从来没有发现过的东西，有可能就会对自己一直在行思坐想的问题有所启发，产生新灵感，创造出新方法去解决原本的问题。

也许可以试试看，就像手机有不同的模式，在上飞机的时候会把手机切换到飞行模式，就是为了要让飞机能够顺利航行，以维护乘客的安全。安安老师要邀请你，给自己一段时间来切换模式，让自己更健康、更愉悦地生活。

抽10分钟，好好地正念做一件事情，比如说喝一杯牛奶，吃一个苹果，打开感官认真地去感受当下，你会发现一花一世界，一沙一天堂。

第二章 正念练习的态度

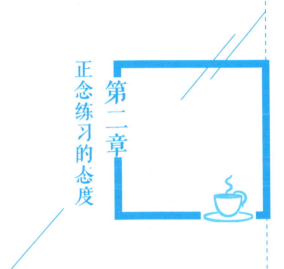

发自内心欣赏一切的美好，就能找到幸福。练习正念，就是提高觉察的能力。这是一种不带批判的、随时随地的觉察，不只觉察身旁的人、事、物，更要觉察自己。卡巴金博士提到，我们在练习正念的时候，要保持 9 种态度，除了用在正念练习里面，更可以用在日常生活当中，这样我们会越来越健康和快乐。

1. 初心（beginner's mind）
——让每一次体验都像第一次

正念的第一个态度是"初心（beginner's mind）"。我们做每一件事情，都像是第一次做那件事情一样，保持一颗好奇探索的心去观照这个事情的不同面。就像下一章会练习的"正念进食"一样，虽然吃的是看似熟悉的食物，但把它当成是自己第一次吃一样去探索。

当我们在咀嚼这个食物的时候，去感受它内部的各式各样的味道，或者是唾液里面发生的化学变化，或者是食物的质地、纤维的感觉等。当开始学习用所有的感官去品尝的时候，我们就会发现原本熟悉的食物变得不一样了，可以从食物里面发现新的元素，让每一次体验都像是第一次。**开放自己的感官，像孩子一样好奇地去觉察这个世界。**

像孩子一样好奇地觉察世界

初心,也就是一种"赤子之心",就像孩子看到什么都觉得"哇!好好玩哦",因为对孩子而言,世界很大很新奇。当我们长大成人,对很多事物都觉得习以为常。我们不觉得兴奋,不觉得好奇,除非这个事物刺激度越来越高。可以观察到,整个社会都在追求刺激度越来越高的事物,刺激度低的事物对我们来讲,已经没有吸引力了,我们也失去了探知"一沙一世界,一花一天堂"的乐趣。

现在,我们要练习保持一颗赤子之心,就是初心。我们做什么事情都像是第一次做一样。如果试着这么做的话,就会觉察到生命当中很多不一样的事情。举例来说,以前吃东西的时候,我们不觉得这里面有什么特别的,但是如果按照"正念进食"里的方法慢慢用所有感官去觉察品尝,就会发现不一样的地方,这就是初心。初心不只可以放在正念练习里面,也可以放在生活当中,对我们的工作,或者是朋友、家人,都以初心待之。

不要陷入习以为常的思维模式当中

当我们对于很多事情都习以为常的时候,其实就形成了对于这些事情的刻板印象,比如说会觉得孩子就是这么不听话,老婆就是这么啰唆,老公就是这么懒惰!

请你试着重新观察对方,发现对方的其他面,不要掉入那个自己习以为常的思维模式当中。

你也许会发现，原来自己的孩子虽然功课不好，但是他的创意十足，艺术天分也挺不错的，原来自己可以帮助他往其他的方面发展。也可以尝试用一个新的眼光去看自己的另一半。在恩爱夫妻的范例当中，你会发现，即便这些夫妻都已经从少年到白头，但是他们看待彼此的眼神里还是充满着爱。

我曾经看过一个访问，两夫妻都已经七十几岁了，但是先生对他的太太说，他看她的眼神还是跟他们 20 岁的时候是一样的，依然带着好奇去欣赏她，所以保持初心，可以让爱情常保新鲜。

重新看待我们的生活

我们用初心来练习正念，重新看待我们的生活。初心的概念，不只是可以用在家庭当中，也可以用在我们的工作当中。

在工作中，如果想要了解并服务好客户，也要试着用新的眼光去观察这个客户，就好像第一次见到这个客户一样，挖掘出客户不同于以往的地方。管理心理学的研究发现，如果一个业务团队加入新人，那么他们的客户对于他们的服务满意度会提高，其原因就在于新人会尝试用一个新的眼光去看待客户，发觉到客户不同于以往的地方，于是更能够贴近客户目前的需求，因此可大大提高客户的满意度。

2. 接纳（acceptance）
——让你不纠结的秘诀

正念的第二个态度是"接纳（acceptance）"。**人的本性是对于那些自己不喜欢的东西就想赶快逃离它，或者是赶快消灭它**。有些人想要变得有钱，觉得自己现在没钱很难受，很抗拒现在自己的状态。或者是有些人觉得自己的工作不好，家庭不好，上班愁眉苦脸，回到家唉声叹气。我们被太多的欲望和恐惧所拉扯，看到恐惧，就想推开；因为欲望，就想追求。

但是，将时间拉长来看，**我们想要逃避的事，或者是想要消灭的事，通常都会再回来**。因此，只有当我们转换心态，用一个接纳它的态度与它相处的时候，长久的改变才会发生！就像是一个叛逆的孩子，如果老师打他骂他，叫他不要做这些不好的事情，他通常会忍耐一阵子，之后又明知故犯。

但是，一位真正懂得春风化雨的老师，不会像一般的老师那样去打骂或者是惩罚孩子，反而会用一种爱与接纳的态度去对待他，慢慢地教化改变他。孩子因为得到爱和接纳，也就不再那么叛逆了。

不接纳的情况下无法改变

在不接纳的情况下要去改变一件事情，其实效果不会持续太久，而只有在接纳的基础上去改变一件事情，这个改变才会是互利而长久的。因此，要先接纳自己当下的状态。

在正念练习当中，当学员在身体和心理上出现不太舒服的感觉，或者是没有什么感觉的时候，他好像就没有信心继续下去，开始对正念练习产生怀疑，中途就放弃了！这是一件非常可惜的事情，因为甜美的果实其实就暗藏在这些看似不舒服的感觉里头，只要你懂得解读它，转化它，那么这些感觉就可以为你带来满满的帮助和祝福，而这个秘诀就在于"接纳"。

在与恐惧或欲望拉扯当中，我们都没有"活在当下"。只有当愿意接纳自己当下的状态的时候，我们才能够有底气、稳稳地用行动去改善。正念是接纳当下所有的状态。只有愿意真正接纳自己的时候，才会有一些奇妙的事情发生。

这个听起来好像有点怪异，接纳现状是否就表示自己不用再努力？其实不然。"接纳现状"让你有了一个立足点，你才能够在立足点上面使力。如果不接纳现状，就像飘浮在空中一样，你想要推开害怕的事物，或者是去追求想要的事物，但总飘浮在空中，踩不到地，力量是不够的。所以，会发现推开的又来，或者是追到的又跑掉。当接纳现状的时候，你就会感觉踩在地上稳稳的，要去做什么事情都会变得更加容易。

多给自己一些耐心

在正念练习时，许多学员可能会遇到种种不想要的状态，如身体疼、坐不住……试着去接受它，用好奇的心去探索它，告诉自己：没关系，我愿意试试跟它在一起，看看接下来会怎么样。在接纳的过程中需要一点点努力，请多给予自己一些耐心，尝试敞开自己拥抱它。

很多来访者最初来到咨询室的时候，其实是不接纳自己的，他可能很讨厌自己为什么会有这种负面的情绪，所以不想要接纳这种情绪，但其实只有先接纳自己，才能够慢慢地在这个基础上往内挖掘，发现原来每一个负面情绪的背后都有正面的意图，每个不舒服的感觉背后都隐藏着甜美的果实，端看我们怎么样去解读转化。

让我们看看这个例子：

一个来访者想要戒烟，他尝试过很多种方法，但总是没有什么效果，烟瘾一犯再犯，让他感觉很困扰，他也很讨厌自己，怎么这么没有意志力。但是当引导他去想一想这个烟瘾给他带来什么样的好处，这个烟瘾的背后有没有它存在的意义和正面的意图，他才猛然惊觉，原来这个烟瘾并不如他所想的十恶不赦，而是因为他办公室的气氛非常压抑，他需要一段时间放松，就借着抽烟为由跑到外面来透一透气，这个烟瘾带给他的其实是一段在精神上面放松的时光。

当这个来访者能够看见自己真正的需要，他就知道原来可以用其他的方式来满足自己。比如说：可以去茶水间泡一杯好茶或咖啡放松一下自己，或者到没有人的楼梯间里面做三至五分钟的正念呼吸练习，又或是发现自己的个性跟这一家公司的企业文化非常不适配，所以考虑换一份工作。他开始发现生活当中有很多的可能性，不见得是要用烟瘾来满足。

所以安安老师也要提醒大家，如果自己或者身旁的人对于某些事情上瘾，比如说抽烟、喝酒、打游戏，不要急着去指责或者总是认为这件事情是负面的，而是尝试去找出它背后的正面意图，然后帮助自己或帮助他人，找到其他的可能性去满足这个正面意图。

3. 信任（trust）
——自我实现的预言

正念的第三个态度是"信任（trust）"。**管理大师彼得·德鲁克认为，成功的领导者只有两点共同的特质：第一点是他们都拥有许多的追随者，第二点是他们都得到追随者极大的信任。**信任是人际关系重要的基础，无论是两性相处，还是朋友交往，正如中国有一句古话所说"人无信不立"。每个人都期待可以得到别人的信任，那么安安老师想先问问你，你信任你自己吗？

信任生命，信任自己

信任自己，就是安住在当下的状态里面。信任生命会带自己到该去的地方，信任生命会为自己做最好的安排。其实很多的心理问题都出自于自我怀疑，比如在人际关系中受到伤害，就开始怀疑自己："我是不是不够好，所以被别人这样对待，我不能信任别人，我也对自己没有信心。"

当我们开始对自己产生怀疑，就会变得越来越无力，越来越退缩。这样的自我怀疑不只发生在工作场合，或是人际交往当中，甚至在练习正念的时候都会出现，有些人在练习到中途的时候，心里会觉得："怎么别人都有放松或专注的感觉，我却没有！""怎么别人都可以感受到身体细微的感觉，我却没有！"从而怀疑自己是否能做到，阻碍了自己在人生的道路上继续前进。

我们要学习信任生命，信任自己。睡觉的时候，身体还是一样地一呼一吸，很认真地尽它的责任。我们可以全然信任自己的肺、气管、鼻子，它们会自动地运作，维持我们的生命。吃东西进去，肠胃会消化，血液会输送营养，这些都不需要我们去交代，它们也没有一天是不工作的，我们的身体多么值得自己去信任啊！

信任，从最简单的事情培养

信任可以先从最简单的事开始培养：相信我们的身体，感谢我们的身体，发现我们的身体原来是在那么努力地工作。我们要做的就是好好吃东西、保证睡眠、锻炼身体，给它提供一个好的环境。

信任自己，为什么这么重要呢？那是因为人们会被自我实现的预言给带领。自我实现的预言（self-fulfilling prophecy）又称为自证预言，或者是自我应验的预言。它是一个社会心理学的专有名词，是指人们先入为主的判断，无论正确与否，都将影响到人们的行为，以至于这个判断最后真的实现。

也就是说，人们总会在不经意间使自己的预言成为现实。举例来说，一个人觉得自己不会拥有财富的时候，他在现实生活里就会让这个预言成真，让自己继续活在匮乏里，这就是自我实现的预言。

你的生命会往你所相信的方向奔去，这也就是为什么信任自己如此的重要。如果想要改变自己的命运，那么你就要相信自己值得拥有。

损失厌恶，人类情绪的本能反应

很多人也知道要往好的方面去相信，但是老是忍不住把事情往最坏的方面去想，常常出现消极负面的自我实现预言。其实这是因为在面对未来不确定性的时候，人会产生焦虑不安，而内在的平衡机制会努力地去消除这种焦虑，就会想要尽快给自己一个答案，而这种答案往往都是消极的，因为只有消极的答案才会最大限度地消除这种焦虑。

损失厌恶（loss aversion）是人类情绪上的一种本能反应，也就是人们对于痛苦的感受，通常要比对于快乐的感受强烈许多，所以人会尽量地去避免损失。 比如说在投资的时候，人对于避免损失的欲望会比赚钱还要来得强烈，因为赔钱带来的痛苦远大于同样金额获利所带来的快乐，因此人会不计代价地去避免损失，以至于会做出不理性的选择。

提出这个理论的是心理学家丹尼尔·卡尼曼（Daniel Kahneman），他在 2002 年也因为这个理论得了诺贝尔经济学奖。正是因为陷入了这种损失趋避的认知偏差，所以在股市大多数人都赚不到钱，但是就有人能够反其道而行之，比如说股神巴菲特，他就能够很好地控制自己的情绪，让自己不会因为情绪化做出非理性的决定。

大多数人如果预先给了自己一个正面的答案，当结果不好的时候，需要面对的是一种失去，这会让人心理落差很大。但如果人们预先给自己的答案就是消极的，当结果不好时，人也会用"我早就料到了"这样的话来安慰自己，所觉察的损失感就会减弱。所以在面对没有把握的事情时，仍旧倾向于做出悲观的预测，而自我实现的预言又让这种悲观的预测成真了。

用自我实现预言让梦想成真

要怎样才能打破负面循环，更靠近巴菲特的理性思维，用自我实现预言让梦想成真呢？

首先是要先改变说话的用词，我们可以把一些负面消极的词语从我们的字典里面删掉，比如说"永远、总是、绝对不可能"，而多用一些积极的语言，潜移默化地影响自己的思维方式，比如可以这样对自己说："我知道这个目标很难达到，但是不尝试，怎么知道我没有可能做到呢？我愿意用一颗开放的心全力以赴!"

其次是让自己的自我价值感提高,比如做自己擅长的事情,学会赞美自己的优点,也学会接受别人的赞美。**信任自己,要懂得对三件事说不:不自伤、不自怜、不自我批评。**自我实现的预言不是幻想天上掉馅饼,从此变得一帆风顺,而是要聚焦在设定自己。

再次是让自己处在"我能我行"的状态中。当处在成功者的状态里,你的内在会很自然地产生出正面积极的自我实现预言。有一句古老的英语谚语为:"Fake it till you make it",翻译成中文就是:假装你行,直到你完成那件事为止。

社会心理学家艾米·库迪(Amy Cuddy)将这句话改编为"Fake it till you *become* it",安安老师觉得这种改编更加贴近正念的态度,中文的意思就是"假装你行,直到你真正成为那种人"。如果将自己设定成一个成功者,你自然而然就会踏上通往成功的道路。

成功必然要经历磨炼与考验,有一句话说"塞翁失马,焉知非福",有时候你可能在生命当中遇到一些挫折困难,会觉得自己怎么那么倒霉,但是当你抱持信任的态度,就会相信自己在这个困难当中必有收获,相信老天给你这个挫折一定是有要你学习的功课,是为了让你变得更好。

因为信任,你的心会更加宽广接纳,安住在你所处的状态中去学习,这会带给你智慧的增长。

4. 耐心（patience）
——快与慢并不是绝对

正念的第四个态度是"耐心（patience）"。我们常常没有耐心，看着目标一面跑一面想怎么还没到，要不就放弃算了？人的本能是不喜欢不确定感的！

人害怕在悬而未决中等待，但是这种对于不确定感的耐受力，其实是判别一个人能否迈向成熟的标准，也是一个人成功必备的要素。人生很多时候要懂得"静待花开"，还记得小时候自然课作业要求养蚕，要等到它长大了吐丝结茧，羽化成蛾；但班上有些同学会等不及，想知道蛾什么时候才会破茧而出，他们很快就把那个茧给打开来，蚕蛹就死掉了。

生命是需要时间去酝酿的。

安安老师家门口有一棵树，它长得非常高大，小区里的人也都很喜欢这棵树。它刚来我们家的前三年，一直小小的，好像永远不会长大；我们给它施肥浇水，但是它仍然长不大。

我跟爸爸说："好奇怪哟，树都不长！"

爸爸说："因为你对园艺不了解，你只看到这棵树表面的样子，如果你仔细地去看树下面的根，你会发现我们家院子里有很多地方凸起来，这是因为树根不停地在长。现在只是在酝酿期，它要长高长大，必须先把根长好，当根长好了才能吸收足够的养分水分，等到根的抓地力够稳，能够让它抵御强风不倒的时候，它就会很快长高长大！"

果然没错，这棵树长根长了三年之后，突然就长得非常高大，有三层楼高。以前就我们外行人来看，它就是一棵长不大的树，但其实不是，它是在酝酿生命的能量。

人也是一样。我们想赶快把不舒服的事情解决，或者是想赶快达成想要的目标。在遇到一些事情的时候会不耐烦，那是因为我们偏离了当下。当我们把心思意念再度拉回当下，接纳当下的状态时，就有了等待的力量和勇气。这也是一种智慧，一种成熟。

5. 放下（letting go）
——放不下，就先放着吧

正念的第五个态度是"放下（letting go）"。卡巴金博士说过一个真实的故事：

印度人抓猴子的时候，就是把椰子挖一个洞，把香蕉塞在椰子里面，然后把椰子绑在树下。这时候，猴子为了吃到那根香蕉，它的手就要伸到椰子里面去，伸进去以后才能握住香蕉。

它的手没有握住香蕉的时候可以伸进去，但是如果握住香蕉就拔不出来，被卡住了。这时候，它唯有把香蕉放掉，才能够脱离这个椰子陷阱。

但是猴子不会这么做，它想要那个香蕉，所以它不放手，手就一直卡在里面，结果被香蕉"绑"在了树下。其实它只要放手就可以逃走，但它没有，最后被猎人抓住了。

我们就像这只猴子一样，看似抓住了想要的

事物，但很多时候是自己变成了欲望的奴隶。当我们执着于事情一定要这样发展的时候，便陷入了作茧自缚的痛苦中。只有愿意放下，允许生命自然流动的时候，我们才有空间。就像这只猴子，它得要放手，才有空间能够脱离陷阱。

一直紧抓着某个东西，可能会成为我们痛苦的根源。如果我们允许它可以来，也可以走，心会更宽。 当我们心更宽的时候，才有空间能够去创造新的东西。

放手是为了享受更棒的礼物

在许多案例中，本来当事者在一段关系里面，苦苦执着，不肯放手，后来现实逼着当事者放掉以后，他们在伤痛里成长学习，遇到的下一个人更适合自己。所以，放手是为了创造更好的自己，放手是为了享受更棒的礼物。

在正念练习当中，也会出现这样的状况。比如说跟人吵架了，觉得对方好差劲啊！在进入正念练习的时候，还是在想这个事情，执着在这个念头上，可能会觉得放掉好难。如果将意念拉回到自己的呼吸，在呼吸中放松自己，就可以平静地去观察意念的转变。

教大家一句口诀："**能放下就放下，放不下就先放着。**""放着"的意思就是，给它留一个空间，也给自己留一个空间。我们可以跟它待在一起，但是我们仍有自主的空间。

正念并不是不允许有自己的观点，而是引导我们更有弹性，也就是说，可以看到自己积极的一面、消极的一面，可以看到自己有正面的想法、负面的想法，而这个状态是变化的，是来来去去的。

从最初对于负面想法的禁止和修正，转变为接受和允许，放松地跟它和平共处：可以接受自己有负面的想法，也有正面的想法，就像无论是白云还是乌云，天空都是允许的。当你不断地培养当下的觉察，就一点一滴地拿回了自主权，因为觉察的过程本身就帮助自己和这些想法之间隔开了一个空间，当你认识到你是你，想法是想法，就更容易放下它。

在这个空间里，你就有了重新选择的自由。

6. 感谢（gratitude）
——反馈生命中的美好

正念的第六个态度是"感谢（gratitude）"。如果每天可以感谢三件事，我相信你每天一定过得很开心，你会看到原来自己是活在恩典当中。

中国台湾第一大广告代理商李奥贝纳集团的董事长黄丽燕，有一次到芝加哥出差跟同事去海鲜餐厅，因为觉得服务很好，就大方地给了服务生50美元小费，离开时，服务生也开心地列队欢送她们。

虽然是小事，但心中的愉悦感，让她忍不住一回旅馆就将这件事立刻写下来。

接下来第二天、第三天，都不约而同发生令她觉得感谢的事情，于是，写"感恩日记"慢慢成为她每天必做的事情。写完以后，她常常会带着笑容入睡，这个习惯也帮助她开始不把每件事视为理所当然，对身边的人、事、物保持感激的心。

她甚至要求员工一起写"感恩日记"，要求每个人每天花点时间，写下让自己感恩的人、事、物，不断帮自己打气，让自己知道自己有多富有。

其实,这么做是有研究根据的。加州大学心理学教授罗伯特·艾曼斯(Robert Emmons)的研究发现,感恩是提高个人幸福感、生活满意度与工作绩效的关键因素。懂得感恩的人拥有较高的生活满意度,较为乐观,也拥有更多的活力,并且保持较好的人际关系,因此他们在组织或公司里面,会是一个更有工作能力也更加快乐的员工。

因为当一个人拥有感恩的心,自然而然会看到别人为他做的,那么他也会予以回报。这一来一往当中,彼此之间的交流就更加地密切,双方都会受惠,组织的运作也因此会更顺畅。因此,组织中的员工,有感恩的想法与行为时,对自己的工作是非常有帮助的。

特别是在正念课程里面,我们要学习感谢自己的身体,因为身体为我们做了那么多的事情,然而并没有跟我们要什么酬劳。除了感谢自己,还要将这份感恩扩展到身边的人、事、物,甚至天地宇宙,缘分命运。

当全心全意地活在一个感恩的心态里面的时候,你感恩别人给你的,你感恩生命给你的,你会发现内心不仅感到喜悦,而且会生出很多正面积极的力量,让自己有勇气渡过难关与克服阻碍。

研究也发现,感恩的人负面情绪减少了,抑郁、焦虑、妒忌都减少了,并且拥有更多的同理心,更加愿意宽恕别人、帮助别人、支持别人,正面的情绪增加了,感到更快乐。**常怀感激之心,对身体健康也有好处,包括使副交感神经系统功能增强,让人趋于平静,从而加强免疫系统。**

7. 施予（generosity）
——与世界积极联结

正念的第七个态度是"施予（generosity）"。有一句话说施比受更有福，在媒体上常常可以看到名人做慈善的报道，但不只是有钱人才能给予帮助，我们一样可以将慈悲心化为行动。

陈树菊是一位市场里的菜贩，但同时也是一位慈善家。

她在一个贫苦家庭里长大，小学毕业后，才13岁的她就因为母亲难产死亡而不得不扛起一家生计，在市场卖菜，养活弟妹，供兄长上学。即使卖菜的收入微薄，她却动辄捐款百万元，在自己读过的小学盖图书馆，认养孤儿，目前目标是捐1000万元成立基金会，让没钱的小孩有医生可看。

2010年，《福布斯》杂志将她选入亚洲慈善英雄人物榜；同年，《时代》杂志将她选为年度最具影响力、时代百大人物之"英雄"项目第八位；同时，《读者文摘》也将第 4 届年度亚洲英雄奖颁发给她。2012 年，她因长年行善展现"纯粹利他主义"，荣获被喻为"亚洲诺贝尔奖"的麦格塞塞奖，并在颁奖典礼后宣布将奖金再度捐出。

这里讲的施予并不单单指的是经济物质上的，还包含了很多其他方面，比如说在心理精神上，你给别人一个微笑，一句鼓励，甚至是愿意认真地听别人说话，这也是一种施予。爱是注意力，是愿意把自己的注意力聚焦在别人的需要上。**当付出爱的时候，你内在的慈悲亦随之更加丰满厚实。**

慈悲，是可以创造快乐的

知名演员奥黛丽·赫本，她的童年历经父母离异、战乱、种族屠杀，成年后虽然进入影坛成为知名影后，但仍然历经两次失败的婚姻。

即使如此，她心中仍然充满慈悲，在息影后怀着最大热忱投身公益事业，出任联合国儿童基金会爱心大使，举办音乐会募款，不顾战乱和传染病危险，去许多非洲国家看望贫穷儿童。

她曾在演讲中回忆，二战结束之初，自己如何从联合国儿童基金会手中获得宝贵的食品与衣服，挣脱了倒毙街头的童年梦魇。她挺身为全世界弱小无助的儿童说话，这正是成年的她，为无助的小时候的自己说话。她在付出爱心的同时，也治愈了童年时受创的自己。

其实，"感谢"与"施予"这两件事是一体两面的，当你有着感恩的心，珍惜别人对你的付出，你自然也会愿意施予别人，同时，别人的回报会让你更加喜悦感恩，这就形成一个爱的循环往复：赠人玫瑰，手有余香。

8. 不评断（non-judging）
——看见更多可能性的智慧

正念的第八个态度是"不评断（non-judging）"。"这个是好的，那个是坏的！""我喜欢这个，不喜欢那个！"我们的头脑似乎每时每刻都在评断。安安老师先给大家一个小的挑战，我们试着用一个不评断的心来做正念练习。

我们在练习正念的时候，常常会发现头脑好吵，里面喋喋不休，许多想法意见不断地出现；头脑中最常出现的话就是评断："咦，这个不错！""那个情况真糟糕！""这个不好吃！""那个人看起来有点讨厌！"我们有很多的评断住在头脑里面，像爆米花一样在脑子里面不断地蹦出来。只要外界有刺激，头脑就立马分析判断。

我们常常是因为没有看到事物的全貌，就马上做出了反应。其实，我们可以等一等，不要急着下判断。

大家都听过盲人摸象的故事：有盲人摸到大象的腿，就说原来大象长得像一棵树；有盲人摸到大象的耳朵，就说大象长得像扇子；有盲人摸到大象的鼻子，就说原来大象长得像水管；但是他们都只知道事物的一部分而已。

评断让我们缩窄了视角，看不清楚事物到底是什么样子。比如有个人得罪了你，你从此便不喜欢他，只要看到有关他的事情，你都觉得差劲，觉得这个不好的人做出来的事情也是不好的。当已经戴了有色眼镜在看他时，你根本没有把他做的事情拿来好好研究。虽然他得罪了你，但可能事情还是做得不错的。

当我们在评断黑与白、喜欢与不喜欢的时候，就像戴了一个有色眼镜在看世界，这个世界就变成我们所戴眼镜的颜色。只有把有色眼镜拿下来，才能够看到真实的世界。很多人因为自己的评断，失去更多了解这个世界的机会。

体验一切的发生，而不是评论

正念邀请你直接体验生命里一切的发生，无须永不停歇的想法来评论。想法只是来来去去的内心事件，我们不须照单全收，而要活在每个当下。随着觉察能力一天天地提高，当感知到头脑的评断即将要出现的时候，我们就可以让自己的评断暂停，头脑放松。慢慢地，会发现头脑里的声音逐渐地减少，心胸越来越开阔平和。

许多人一开始在练习的时候，发现自己头脑是停不下评断的，这没有关系。练习不评断的第一步是，先接纳自己的评断。先尝试看看，不评判自己的评断。比如有些人会这样告诉自己："哎呀，我刚刚又说了我不喜欢！""惨了，我刚刚又说了很糟糕！"然后再一次批判："我真是不好！""我觉得自己不对！""我不能再这样！"。现在，先放下对于自己的评断，就跟自己说没关系，接纳自己刚做的评断。然后，愿意试试看，放下刚刚对于那件事情的评断，用接纳的态度去看待那件事情。

我们可以不评断（non-judgmental），但是不代表我们没有判断（judgment）。不带着评断的眼光去看事情，不代表没有判断力。

评断让心生出偏见，讨厌这个或喜欢那个。当我们带着偏见去看事物的时候，就没有办法看见事物的全貌，评断反而削弱了判断力。当我们把有色眼镜拿掉，不再去判断好恶，用一个中立的心去看的时候，也许就会发现这个世界有些不同。

不评断即是扩展自己的心，你可能会重新发现别人的好，重新跟他做朋友，重新从他身上学习，重新开拓人生的视野。别让有色眼镜把你体验生命多元丰富的机会给阻挡住，那样太可惜了！

9. 不用力追求（non-striving）
——不费力就达成目标

正念的第九个态度是"不用力追求（non-striving）"，追求就是我一定要得到，不用力追求就是不强求，我不要那么用力去追。"不强求"是一种从"我做（doing）"到"我在（being）"的模式转变。

"设定目标，达成目标"似乎定义了我们活在这个世界上的唯一价值。在工作上，公司督促着我们完成月度目标、季度目标与年度目标；而在生活当中我们也常为自己设定一个要达成的目标，如：几岁要买房买车，几岁要结婚生子。我们从小就被教导要设定目标、完成目标，但是大家有发现吗？当设定目标以后，我们拼命告诉自己要改变现况，但这些思绪千回百转，可能实际上毫无进展且愈陷愈深。

"我做（doing）"模式是急着解决问题，但是它也会制造更多的焦虑和紧张。在这样的状态下，我们反而很难坚持下去，于是就会失去信心，觉得目标就像是绑在头上的胡萝卜，我们怎么追都是追不到的，所以会感觉挫败沮丧，最后就容易放弃。

一般人通常认为，我们要做些什么才能够达到目标，所以目标在前面，人在后面追，但是学习正念以后，我们就可以开始转换成为一种我在的模式。**"我在（being）"模式即跟我们想成为的目标在一起，我们已经活在那个目标当中了，所以就会轻松不费力地表现出相应行为。**

活出梦想的状态

在一个心理学实验中，荷兰的研究人员 Dijksterhuis 和 Knippenberg 设定了三种角色：大学教授、公司秘书和足球流氓（hooligan，意指那些常在足球场上寻衅滋事、扰乱球场和公共秩序、危害社会安定的人）。他们请一群受试者各自描述其中一种角色的日常行为和典型性格，五分钟后受试者接受智力测验以及记忆力测试，结果发现描述大学教授这个角色的受试者，不论在记忆力或智力测试中表现皆为最佳，其次是公司秘书，最糟的是足球流氓。这群受试者原本并没有智商上的差别，但借由想着"聪明且博学"的教授形象，却使彼此间的能力产生了很大的不同。

这个实验告诉我们，当人有了某个角色所具备的想法、思维时，他很自然地就会做出这个角色相应的行为，而无须刻意做什么去达成目标。也就是说，我们常常一心追求目标，其实这很消耗能量，因为我们和目标之间是有距离的，要通过做很多事来填补自己和目标之间的差距，这种属于"我做"的模式其实是很费劲的，也制造了很多的焦虑和紧张。

活在我们的目标里

学习正念以后，我们便可以跳脱出这种限制，不需要看着目标和梦想不停地追，可以试着采用一个新的方式，就是活在我们的梦想和目标里，这就是一种"我在"的模式。

老子"道德经"里面曾提及"无为而无不为"。如果可以顺其自然，不去强求的话，那么我们就无不为，没有什么事不能做到。换句话说，我们越不做，反而会越有力量可以让自己做任何事情。它想要表达的就是把一种"我做"的模式，变成一种"我在"的模式。从开始一直想要去做什么来摆脱现状，变成愿意接纳现状，同时调整自己与梦想同频，在当下就活出我们在目标达成时的状态。

当我们在这个角色里面，行为自然而然就会表现出来，我们想成为某个角色，比如说事业成功的人，家庭幸福的人，一开始就要把自己当成是这样的人，处在这样的角色里面。这就是活在我们的目标里，活在我们的梦想里。

有这样一篇有趣的报道，这是来自于80个空服员的贴身观察，他们发现头等舱和公务舱、经济舱的旅客表现是不一样的，头等舱的旅客往往在看书，公务舱的旅客大部分在看杂志、用笔记本办公，而经济舱的旅客则在看报纸、看电影、玩游戏和聊天。在机场贵宾室里面的人大多数都在阅读，而普通候机区的人全部都在玩手机。看完这篇报道，你会怎么做呢？

你只需要顺势而为

世界知名的畅销书《富爸爸穷爸爸》里面提过一个概念：你想要有钱，就先要有有钱人的头脑和有钱人的思维模式。所以即便你现在只能坐经济舱，也要像坐头等舱一样带一本书随身阅读，充分地利用时间去充实自己，让头脑和思维成为一个成功人士的头脑和思维，让自己现在就活得像是一个成功人士一样。

人生的终极目标是追求快乐，有些人把快乐建筑在功名上，有些人把快乐建筑在财富上，有些人把快乐建筑在健康、感情上，每个人都不一样，但其实快乐不见得是你要去做什么事情，或者是达成什么目标才可以得到的。能够保持正念的觉知，为自己创造出一个平静自在的状态，生命就有了流动的空间。

你只需要顺势而为，让自己处在"我在"的模式，处在快乐的状态，自然而然地，就会相应做出很多让自己感觉快乐的事情，你也会活得更加轻松顺心。

第三章 正念从呼吸开始

正念始于觉察。觉察包含两个层次：

第一个层次： **你知道你现在在哪里。** 你能够觉察自己的心思意念目前处于什么位置，可能想着过去，或是在想将来，又或者跑到几公里以外，甚至地球的另一端。一旦发现自己偏离了轨道，你要练习把自己拉回此时此地。

第二个层次： **你知道你在做什么。** 换句话说，你很清楚你当下做的每一件事，它的内涵是什么，感觉是什么。你愿意把全部的心力放在你现在做的事情上面，去觉察这件事情的细节，去觉察你的情绪、感受和想法，还有行为上的细微变化。

1. 持续正念，性格也能改变

有句话说"江山易改，本性难移"，大家可能有一个误解，觉得性格是不可改变的。性格是一个人长期的模式，本性虽难移，但不是不能移。想要塑造新的性格，前提是必须先塑造新的习惯，习惯慢慢地成为习性，习性久了就可成为本性。事实上，性格是可以被改变的。科学证据指出，通过持续不断的练习，正念可以帮助我们改变性格。

提高勤勉性，降低神经质

目前性格结构模型里面最被认可通用的就是人格结构五因素模型（Big Five Personality），五大人格特质构成了人的主要性格：经验开放性（openness to experience）、勤勉性（conscientiousness）、外向性（extraversion）、亲和性（agreeableness）和神经质（neuroticism）。人在正念练习后，在这五种性格特质上会发生变化。研究显示，正念对于其中的两种性格特质改变特别突出，分别是神经质与勤勉性。"神经质"意指一个人的情绪稳定度；一个人如果容易焦虑愤怒、内疚忧郁，这就表示性格里面神经质比较高。研究发现，只要持续地练习正念，神经质就可以降低。另外一个性格特质是"勤勉性"，意指一个人的自律谨慎，能不能把事情做得条理分明，并且尽忠职守负责到底；勤勉性也是和一个人的工作表现及事业成就最有关联的性格特质。研究发现，正念练习可以增强我们的勤勉性。在这些研究当中的受试者，他们都参加了八周的正念课程，课程结束后也持续练习了大概一年的时间，每天在练习的时候，就像滴水穿石一样，一点一滴慢慢地在改变自己的性格。学习很重要，但练习更重要。

促进自主性与勇气

研究发现，持续练习正念的人会变得更加有自主性。正念可以帮助我们观察自己的情绪和想法如何运作，如何对我们产生影响，如之前所说，当情绪和想法出现的时候，我们可以选择不当小跟班，只是看着它，不被它牵着走。当我们提高觉察重新选择时，就有了自由，正念让我们找回生命的自主性。

研究显示，练习正念也会使我们变得更加勇敢。很多时候的害怕、退缩，是因为我们把恐惧放大了，正念可以帮助我们认识到，许多的恐惧其实是自己想象出来的念头，它并不是一个真实的敌人。即便在困难情境或是负面情绪出现的时候，我们依然能够维持趋向的机制，愿意去探索它，愿意去体验它，愿意接纳一切的发生，这就是正念带给我们的勇气。

"在刺激与响应之间，仍有空间。在此空间中，存在着我们选择如何回应的自由以及权力。而在我们的回应中，则存在着我们的成长及喜乐。"

——维克多·弗兰克尔

维克多·弗兰克尔（Viktor E. Frankl）是一位非常伟大的心理学家，他亲身经历过恐怖的纳粹集中营生活，受尽折磨与痛苦。即使被关在集中营里面，却还是可以发现人仍然有选择的可能性，仍然可以活出自由与力量。通过正念练习，我们每个人都能回到这样的内在空间，在此空间中，活在当下，成长蜕变，得到真理和解脱。

增加韧性

"韧性"意指当你陷入困境的时候，怎么样去响应。韧性包含了三方面：首先，你觉得自己能够理解这个处境。第二，你觉得这个处境是有意义的。第三，你觉得自己有办法管理自己的生活。

研究发现，练习正念会使我们变得更加有韧性。我们可以接纳现在所处的环境，可以理解它的存在，知道这是有意义的。

当我们能够去包容、全然地去面对自身的处境时，便会看到每一个困境，就像一个礼物一样，可以带给我们一些东西。这种韧性是人在面对生命苦难时，非常重要的内在力量来源。就如同维克多·弗兰克尔曾经身处于极端的禁锢中，他不但没有怨恨，反而对人类的心灵力量有了深刻的体悟，创立了意义治疗法，成为存在主义治疗的一代宗师。他说过："若能参透为何，则能迎接任何。"即使身处困境，我们仍然有办法活出自己，能够在正念的觉察里面去接受自己和现在的状况，并同时保持平静，以及给予自己的情绪、意念与身体所需的关怀和照顾。

2. 留意呼吸，觉察自己

在我的学生时代，班上最让大家羡慕的人，就是那些很会玩又很会读书的同学，他们玩的时候就疯狂地玩，读书的时候就专心地读书。而大部分人则不是这样，可能在玩的时候会觉得书还没读完怎么办，在读书的时候又好想要出去玩，所以最后书没念好，玩得也不尽兴！

等到我们长大脱离了学生生活，进入职场，组建家庭，这样的习惯还是一样。所以，白天跟领导开会的时候想着昨天晚上爱人跟我吵架，孩子不写功课，以至于领导讲的话没有听进去；晚上回到家，孩子和爱人在跟你说话的时候，你心里在想白天领导训话说了什么，同事现在又发给我什么讯息，又错失了跟家人相处的时光。

因此，一年一年过去了，我们在工作上没有做出成绩，跟家人的关系也不是特别亲密。便会叹息：我不知道我在干什么？不知不觉就老了。

止：集中式觉察

"觉察"是解决问题的第一步，在八周的课程里面，我会由浅入深，循序渐进地教给大家两种不同类型的觉察。

第一种是集中式的觉察，它是一种"止"的功夫，可以帮助我们增加定力。第一周的正念练习"观呼吸"，我们练习把所有的注意力都放在觉察呼吸上，也就是说，我们的觉察是停在一个点上面的。

集中式的觉察帮助我们在读书和工作的时候可以专心，就像在观呼吸当中，我们试图把觉察集中在呼吸上，要观察自己是不是专注在自身的呼吸上，万一发现自己的注意力涣散了，已经离开了呼吸，那么就请再一次地把注意力拉回到呼吸上，这就是一种集中式觉察。随着练习的深入，我们越来越能够定在一个地方，即便心思意念跑掉了，也能很快地就把注意力拉回到本来停留的那个点上面，这可以提高我们的专注力。

有个俗谚说，人的心就像猴子一样蹦蹦跳跳，东一下西一下停不下来。那个像猴子一样的心，其实是人的本性，我们好像天生就是这个样子，通过练习正念，我们可以调整猴子般的心，可以集中专注力，也可以接纳自己的不安，使情绪变得稳定。甚至在觉察到自己的心快要变成猴子的时候，停下来问问自己，我现在可不可以回来当人？

驯服躁动不安的心

通过正念练习，学习自我控制，驯服我们原本躁动不安的心。

在持续不断的正念练习中，慢慢地我们可以从原本的后知后觉进展到当知当觉，在你发现心思意念跑掉的时候，就可以立刻回来呼吸，让自己的心思意念仍然可以维持在当下应该注意的点。

一行禅师曾说，最简便的方法就是呼吸。

每次发现自己再度心思涣散，或用尽方法也实在难以控制自己时，都应该运用观呼吸这种方法。即便现在发现自己没有办法专注在观呼吸上，仍然要继续练习，因为唯一的秘诀就是练习练习再练习。

我们也可以在生活当中练习觉察，可以随时提醒自己，问问自己，知道现在的心在哪里吗？如果不在当下，请拉回当下，每一次拉回的动作，都是在练习集中式的觉察。

3. 将溃散的注意力一次次收回来

许多人觉得现代生活常常陷入一阵混乱,各式各样的科技产品让我们分心,无法专注于手边的工作,也无法专心地对待他人。

每天全家一起共进晚餐的时候,我们常常一边吃饭一边玩手机。在办公室或者是在课堂上,我们也常常忍不住想要玩手机,我们的注意力就随着不同的信息四处飞散。

连我自己也不例外。我曾经赶着参加一个会议,却遇上了堵车,情急之下我一边开车一边用手机语音开会,好几次都忘了注意旁边的车辆,开车的时候打电话就跟酒醉驾车一样危险。这件事让我惊觉注意力缺失已经成了现代人的大问题。

专注才能卓越

专注才能卓越,我们要学习如何管理这项重

要的心智资产。

全世界最大的社群网站脸书（Facebook），每日活跃用户超过10亿。创办人马克·扎克伯格（Mark Zuckerberg）除了在企业内推行正念，他也把正念用在自己的一言一行上。

他的同事曾这样形容他："他习惯把大事切分成小事，然后一步步取得成功。"

在一次聚会中，他的同事无意间观察到，扎克伯格在火炉旁蹲坐了近10分钟，小心拿捏火炉与棉花糖之间的距离，让棉花糖彻底加热，又不会被烤焦。由此细微动作可知，一个成功人士即便是面对小事，他都会非常认真、非常专注地完成它。

诺贝尔经济学奖得主赫伯特·西蒙（Herbert A. Simon）说过："信息会消耗接收者的注意力，因此，信息过多就会造成注意力的匮乏。"的确，注意力已经成为一种越来越珍贵的资源。

现在是我们采取主动，设法应对这个问题的时候了！举例来说，美国最近流行一种聚会方式，一群人坐下来吃饭的时候，先把每个人的手机放在餐桌的中央，当天第一个忍不住拿起手机的人必须付钱买单。目前，在一些家庭里面也开始这种实践，晚上回到家就把手机放在抽屉里面不再使用！

促成成功的三种专注力

情商大师丹尼尔·戈尔曼（Daniel Goleman）认为注意

力越集中,做任何事的表现就会更好,他也为每个想要成功的人提出了有用的分析和建议。

他说,**每个想要成功的人都需要培养三种专注力**:第一种是**聚焦于自身的专注力**(inner focus)。能够聆听自己内在的声音,意识到自己的想法和感受,厘清现在什么事情是最重要的。第二种是**聚焦于他人的专注力**(other focus)。能够同理别人的想法,共情别人的感受,并且愿意帮助对方。第三种是**聚焦于外在的专注力**(outer focus)。了解自己的企业组织所面对的大环境或生态体系,这对于策略的制定、组织的管理和创新都非常重要。

注意力是可以锻炼的,它就像心智的肌肉,就如你到健身房一样,要不断地重复训练,才能够练出强壮的二头肌。

在八周的正念课程中,我们也一直不断地在练习专注力,例如"观呼吸"。我们可能在练习中会发现思绪飘走了!也许是想到"我肚子饿了,待会儿练完以后要吃什么呢?"或者是想到"我看今天同事穿了一件白色的衣服,我也想买一件",又或者是想到"今天的工作表现不太好,明天要怎么做才能让老板开心一点"。我们的专注力会跑到各式各样的思绪上头。

其实人最难掌控的就是自己的心,我们的心天生就很容易飘走。所以练习"观呼吸"的重点不在于要练习专心,而是要让自己学会在分心的时候把注意力拉回来。发现自己的注意力飘走了,没关系!一次一次地,尝试把注意力拉回到呼吸上。

4. 专心走路，专心吃饭，专注力越来越高

在忙碌紧张的生活当中，也可以练习专注于我们拥有的每一个时刻，不只是听着引导语音来做练习，我们也可以把这种练习带到日常生活当中，通过日常生活当中的小事来做练习。比如："正念进食"与"正念行走"，让我们可以在吃饭和走路时专注于当下。

虽然我们平常在吃饭的时候，没有办法像"正念进食"练习一样，吃一口需要花很长的时间。但是，我们仍然可以在吃饭时专注于当下，电视、手机都先摆在一旁。**不要一边追剧一边吃饭，也不要一边玩手机一边吃饭，当下只有你和食物，没有电视、手机这些"小三"。**

好好地对待我们面前的食物，好好地用心去品尝，享受小小食物带来的大大满足。

用正念的方法吃东西是可以减肥的，有很多

的研究都证实了这一点。如果让减肥的人练习正念进食，由于他们专注地慢慢品尝，所以不易吃下过量的食物。此外，因为他们对于食物成分的觉察力提高了，就可以察觉到有些食物含有高脂肪，或者是含有太多的调味剂。觉察力的提升可以让我们一吃到就能察觉，这样就可以帮助我们远离不健康的食物。

专心吃饭，专心走路，看似很简单的事情，但随着我们在生活当中日积月累，专注力就会越来越高，工作和学习也会越来越有效率。

我们的大脑灰质负责记忆和情感，研究发现，一心多用会导致大脑灰质萎缩，让人较容易出现负面情绪，记忆能力也会下降，所以请尽量一心一用。

从现在开始就让我们练习工作的时候专心工作，跟家人聊天的时候专心聊天，放松的时候就好好放松，吃饭的时候好好吃饭。

察觉自己的心像猴子般，我们就可以尝试改变！在每次察觉的时候，就试着去改变一点点，那么慢慢地，新的神经回路在大脑里面形成以后，气定神闲、从容自若就会成为我们的习惯。

5. 用正念给自己一个空间：活在当下

斯坦福大学的卡罗尔·德韦克（Carol Dweck）教授进行了一个三阶段的研究。首先，她找到一群十岁的孩子，把他们随机分成了两组，每一组孩子都做了一道题。当他们做完以后，她对第一组孩子说："你真是个聪明伶俐的孩子！"对第二组的孩子说："你真是个努力认真的孩子！"

随后，她又进行第二阶段的研究，让孩子们从两道题中择一。这些孩子被告知其中一题很简单，另一道非常难，但是他们能够从中学到很多东西。结果，之前被称赞为聪明伶俐的孩子当中，有五成孩子选了简单的题目，另外五成孩子选了可以学到很多的难题。而之前被称赞为努力认真的孩子当中，有九成孩子选择了能学到很多的难题。

最后，在第三阶段的研究中，她让孩子们做一道非常难的题目，这道题基本上是无法解答的，她想看看这两组孩子的反应。结果显示，被告知聪明伶俐的那一组，他们没有坚持多久，感觉沮丧，很快就放弃了。与此相反的是被告知努力认真的孩子，他们更能坚持，虽然到最后他们都没能解开这道题，但是他们享受这个过程，而且更加努力！

不念过去，不畏将来

一家著名科技公司的首席执行官每年都会给员工订下一个极难达成的目标。然而，公司内有个标语却是这样说的："你达不到也没关系，但是你怎么知道达不到？"大家观察到了吗？这家公司目标设定的过程，充满了正念的态度：我不否认我不行，我也不保证一定能成功，但是我愿意努力尝试，以开放的心全力以赴！

虽然老板拿着皮鞭在督促我们完成目标，但是我们可以试着全心全意地做好当下的事，用一颗正念的心去工作。我们仍然可以给自己空间，在这个空间里面，活在当下。我们不是在追逐目标或被目标追着跑，而是就活在目标里面，只是把当下的一件事情做好。当我们用正念的态度来工作时，便不会被压力逼迫得喘不过气来，因为我们不再懊悔过去、焦虑未来，而是全心全意地投入现在。

正念并不是不检讨过去，不计划未来，而是要立于当下，检讨过去，计划未来。

我小时候非常喜欢放风筝，风筝无论飞得多高多远，控制权是在我手上的，因为我拉着握把，用一根线跟它联系起来，如果我放掉了握把，这个风筝就会飘走，找不到看不见了。当你知道"我在（being）"此时此地，就像是手上有了一个风筝的握把，你的思绪走到过去和未来的时候，是有底气有基础的，所以思绪可以回来，你也知道它出去的方向，不会是一个断线的风筝。

如果你没有立于当下，就只是让思绪乱飞，那就像是一个断线风筝回不去了，最后被吹到哪里都不知道！当你活在当下，就有了安定的根基，在这样的根基上去搭建城堡，这个城堡才会稳固，不会地震洪水一来就倒了。

许多成功的企业家在做重大决策的时候会先闭关，让自己定下来静下来，马云说："当我静下来，公司就静下来了。"乔布斯在做重大决策的时候会先打坐，当他专注于当下的呼吸一段时间后，会生出直觉跟智慧，帮助他做最佳的选择。

精通，只需擅长重新开始

《礼记·大学》里论修养之道："知止而后有定，定而后能静，静而后能安，安而后能虑，虑而后能得。"当你要做检讨、做计划之前，请先花一些时间做正念练习，你会发现自己的心逐渐沉静安定，不在别处，就在当下此时此地，会有更多的智慧打开。

有学员在练习时，觉察自己的负面情绪或是负面行为重复出现，越看越着急，想要赶快摆脱，这种情绪或行为却越常出现。知道要拉回当下，但思绪总是一再地飘走，让人特别受挫，更加焦虑想要拉回来。此时，也许可以做一些事情，告诉自己愿意再一次重新开始。**正念，不用刻意强求一定要怎么样，只要愿意用一颗开放的心去尝试就好**。那些练得有效果的学员，他们并不是特别厉害，安安老师请大家记住：**那些精通正念的人，他们只是比较擅长重新开始**。

所以当你发现怎么又走神，没有关系，重新拉回来就是了。接纳自己，不批判自己，这是正念基本的态度，但是接纳、不批判不代表就是停留在现状，而是愿意再一次重新开始。

在拉回之前，你可以做一些事情帮助减少焦虑的状况，减少拉回的次数。比如在你读书的时候，一旦发现自己走神了，想到昨天发生的事或者是明天要做什么，就拿张纸记录下来。写下来以后，告诉自己说："我看见你了，我等会儿处理。"然后继续专注于当下。

当发现心思又跑掉了，你再去看一下它在想什么，把那件事情记下来，然后再告诉自己说："我会处理这件事情，我现在回来继续看书。"你可能发现自己读书的两个小时里面，写了五六件事情，这个叫作待办事宜。你每天可以抽一段时间，让自己全然地去思索你的待办事宜，比如第一条是明天要吃什么，今天晚上就给自己十分钟好好地去想明天要吃什么。第二条可能是前几天跟同学吵架，现在心里还是很不舒服，那就好好地给自己一段时间去想想吵架的原因是什么，你和同学各自的需要是什么，可以做什么事情去修复你们的关系。

你的意念是需要被看见的，先把它写下来，不是告诉自己不能想，而是告诉自己晚一点会用足够的时间来处理，现在是念书时间，所以要继续念书。你会发现当自己写下来以后，焦虑感就会减少，因为你知道这些事情是会被处理的，不是被刻意忽视的，你的思绪就比较不容易被拉走。

意念就像顽皮的孩子一样，会告诉你"看到我了没，赶快来处理！"如果你不理它，它还是会在那里又跳又叫。如果你告诉它"我看见你了，我听见你了，我会帮你登记、预约时间，几点我会专心地来处理你"，这个一直要求你注意的意念就不会那么闹腾，你便能够把思绪拉回当下，保持平静，专心完成现在手上该做的事情。

6. 第一周的正念练习

♪ 观呼吸

在开始练习正念时,"观呼吸"是最简单,也是最基础的方法。因为我们要确定自己活着,最直接的方法就是看看自己的鼻息,还有气就表示还活着。因此呼吸就代表了生命的存在,是我们在这世界上的定锚与根基。通过关注呼吸,我们可以很快地静下来定下来,所以在正念的一开始先教给大家观呼吸就是这个原因。

请找一个安静不受打扰的地方。当然,如果练习很多次后,你甚至可以在地铁里面,在很嘈杂的地方,也都可以在观呼吸中平静安住,但是对于初学者建议还是先找一个安静的地方开始。

腹式呼吸

在开始练习之前,要先问问自己,平常是怎么呼吸的?你可以将一只手放在胸部,另外一只手放在腹部,然后做几次呼吸,观察一下,起伏的是放在胸部的这只手,还是放在腹部的这只手。如果是放在腹部的这只手。那么你做的就是所谓的腹式呼吸;如果是放在胸部的这只手,那么可能你平常所使用的呼吸法是胸式呼吸。

胸式呼吸容易让人感觉兴奋和紧张,吸进去的氧气量没有腹式呼吸的氧气量多。腹式呼吸的时候,胸部应该是没有什么起伏的,而腹部在吸气的时候会胀起,这是因为肺下方的横膈膜下降了,肺底部大量地充气,当吐气的时候,肚子会往内缩,使横膈膜上升,压缩肺部,挤出里面的空气。

有些朋友会说:"我的气就是下不去,好像只能沉在胸部,没有办法做到腹式呼吸。"的确,对于一些已经习惯胸式呼吸的朋友来说,一开始练习腹式呼吸不是那么容易。

这里有两个小秘诀,请双手叉腰,肩膀自然轻松地下垂。

第一件事情就是想象现在自己正在轻轻地咳嗽。感受你手放在肚子两侧叉腰的感觉,轻轻咳三声,一声两声三声,你的手感觉到了吗?当咳嗽把气从嘴巴里咳出去的时候,肚子是往内凹的,吸气的时候,肚子要让气进来,就把双手往外推,肚子就凸起来了,我相信大家都能感受到。

第二件事情,可以想象你的鼻子进水了,现在要把这个水从鼻子里面擤出去。所以同样双手叉腰,肩膀自然地下垂,让手指可以感受到自己的腹部,请擤三次鼻子,一次两次三次,你的手一定能感觉到,当鼻子向外呼气的时候,腹部是往内缩的,而吸气的时候,腹部因为吸饱了空气,会向外推开自己的手，这就是腹式呼吸在腹部上的表现。

那么我们现在就来做一次腹式呼吸，请自然地放松肩膀，把自己的身体当成是一个气球，用鼻子深吸一口气，使腹部膨胀起来，胸部尽量不起伏，当气吸到最饱满的时候，停一下，然后缓慢地用鼻子吐气，肚脐同时向内缩，使腹部凹下，当我们将气吐尽之后，这就完成了一次腹式呼吸。就让我们用腹式呼吸的方法来进行观呼吸的练习。

正念观呼吸

★ 请你找一个舒服的姿势，坐者或躺着，当你准备好了，你可以轻轻地闭上眼睛。

首先，先做三次深呼吸，吸气……吐气……吸气……吐气，再一次吸……吐……现在请你将所有的注意力都放在你的鼻子上，去感受呼吸，从你的鼻孔一进一出，什么都不需要想，哪里都不需要去，只是单纯地将所有的注意力摆放在鼻孔当中的呼吸上，去感受气息一进一出的感觉。

接下来，让我们试着把注意力慢慢转移到腹部，你可以试着把双手放在腹部上，不放也可以，只是去感觉腹部随着呼吸上下地起伏……在你自然规律的一呼一吸之中，形成了一个宁静放松的空间，什么都不需要想，哪里也不需要去。纯然地活在当下，安住在你的呼吸之中，唯一的意念就是放在感受气息在你身体里的一进一出，方寸之间，宁静安定。

如果你发现你的注意力跑到别的地方去了，没有关系，你只需要温柔地把注意力再拉回呼吸就可以了，这个让你感觉自在、宁静、安详的地方，透过呼吸，你随时都能回到这里。

安住在当下，如果发现心思意念又跑掉了，温柔地拉回呼吸，什么都不想，哪里也不去。

回归最单纯原始的本能，只是呼吸。

放空自在，宁静安心。

♪ 正念进食

在开始练习之前，要先准备一样食物，无论什么食物都可以，最好是小份。等到你知道怎么样来吃以后，可以在平常进食用餐的时候，也用同样的方式试试看，但是在练习当中，尽量用一小份食物，在正念的标准课程里面用的食物是葡萄干，你可以挑选任何自己想要食用的，或者是手边就有的食物，小份的就可以了。

你可能会很好奇，正念也可以用在生活当中吗？是的，其实正念是一种态度，而这样的态度可以应用在生活当中的各个层面，只要你愿意用一颗包容好奇的心，专注于当下的人、事、物，那么这就是正念的生活，所以，不只是在静坐的时候正念，行、住、坐、卧之间也可以练习正念。

练一练

正念进食

★ 今天我们要透过一个有趣的方法,用大家最喜欢的活动——吃东西——来练习正念。

首先,请你把脸凑近这个食物,专注地去观察它,就像你是从火星来的一样,火星人来到地球,第一次看见这个食物,你小心翼翼全神贯注地去探索,去观察这个食物的每一个部分,你可以去观察它的构造,去观察它的颜色,去观察它是不是有些地方是对称的,有些地方是不对称的,观察它的形状,好好地把这个食物从头到尾地看一遍。

接下来,你可以把鼻子凑近这个食物,请你闭上眼睛,好好地去闻它的味道,它闻起来是怎么样的,你可以细细地去闻它里面蕴含的各种气味,是不是有些味道是你以前没有发现过的?你可以留意一下自己的嘴巴和胃,在闻到这个食物味道的时候,产生了哪些反应?是不是感觉到有唾液从脸颊两侧,或者是舌头根部分泌出来?你的胃是不是开始有一些轻微的蠕动?好好地去感受,去观察自己全身的反应。

现在,你可以试着用手去拿,或者用筷子夹,或者用汤匙挖这个食物,去感受身体肌肉现在的动作,特别是你的手臂和手指,它们之间是怎么样分工协调,帮助你把这个食物放到你的嘴边的。你以前可能从来没有经历过,也从来没有特别去注意过,现在,给自己一个机会去感受一下,同时将食物放进嘴里,感受它碰到嘴唇的感觉。在口腔里面,你可以试着用舌头触碰这个食物，可能你以前在吃它的时候就是直接咬一咬就吞下去了。但是现在，我们试着用舌头去探索一下食物的形状，这个食物的质地，可能你会发现，有些感觉是你以前从来不曾体验过的。

然后，你现在可以试着咬两下看看，感觉嘴巴肌肉还有牙齿以及食物的互动，当你在咀嚼的时候，留意这个食物在口腔里的位置是如何随着你的咀嚼滚动，再咬几下，去感觉这个食物在嘴里的味道、香气和它的质地，是不是随着时间，一个片刻，接着一个片刻，都有些小小的不一样。

你现在是不是想要把这个食物吞下去了？我们平常都不太会去察觉一些无意识的念头，而我们现在做的练习就是帮助我们有意识地去察觉无意识的动作或想法，在你想要吞下去之前，就请先侦测到你想要这么做。每一个无意识的念头，都可以被有意识地经验，你察觉到自己想要吞下去了吗？

当你察觉到了，你现在可以把食物吞咽下去，在你咽下食物的时候，你可以去感受它，从咽喉流进食道，是什么感觉？现在你的嘴里没有食物了，你也去感受一下，空的感觉是什么，而在此同时，你也可以去感受你胃里装了食物沉淀的感觉。

以上就是正念观呼吸练习，以及正念进食的练习，建议大家可以在开始的第一周，每天都抽空做这样的练习。

7. 第一周作业

每日请完成以下两个作业。

看看这一周,通过练习,你有什么样的改变,或者是有什么样的感觉,也许你发现每一次练习好像都会有不一样的感觉,可能第一次练是这样,明天练又会有点不一样的感觉,后天练又会有一点不一样的感觉。

可以用一颗好奇宽容的心来观察这一周的变化。

- **每日进行"观呼吸"的练习**

观呼吸可以帮助我们定锚自己的心,让自己在混乱的世界,或者是纷扰的思绪里找到一个定点,就像船要进港的时候,它会下一个锚在水里,然后船就会停下来,很安稳地在那里,我们的呼吸就是那个锚。

正念观呼吸

记录

_____
_____
_____

● **每日选一餐,进行"正念进食"**

平日的进餐时间可能不足以让我们每一口,都如上试练习般花那么多的时间。但我们还是可以在吃饭时,打开所有的感官去品尝。有一部日剧《孤独的美食家》(日语:孤独のグルメ,英语:The Solitary Gourmet),里面的主角五郎吃饭的时候就很正念。大家每天可以选一餐,无论是早午晚餐或宵夜下午茶,去当一个孤独的美食家,要像五郎一样,非常用心地去品味。

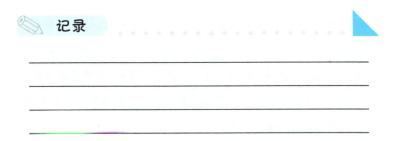

正念进食

记录

_____
_____
_____
_____

如果有问题,请看下面的答疑,或者直接去公众号咨询。

8. 问与答

观呼吸

Q：我在做练习的过程当中觉得身体有些地方会痛，有些部位感觉很紧，该怎么办？

在正念练习时，我们会发现自己身上原来有那么多平时没注意到的种种感觉。有许多感觉并不是做这个练习的时候才出现的，它本来就在那里了，只是因为平时有太多的干扰屏蔽掉了身体的感觉，当我们把心思专注在自己身体和呼吸上的时候，才会察觉到它的存在。

所以平常没有察觉到的紧张感，现在感受到了。请把它当成一个提醒，它在告诉我们，其实平常脖子就痛，身体就紧；或者像一位同学说在观呼吸时才发现原来胃很胀不舒服，那是因为晚餐吃太多了。这些都是一个很好的提醒，身体的声音是很微弱的，我们平常外面的事情太多了，头脑急着忙着在对这些刺激做反应，思绪纷纷扰扰不间断，但是，我们很少能静下来觉察自己的身体。

现在，观呼吸让我们有机会定锚，看到身体的需求。身体其实是我们最忠实的朋友，身体从来没有离开过我们，无论在什么时刻，它一直忠实地24小时在为我们服务着。晚上睡觉的时候，胃液还是在分泌，心脏仍然在跳动，它们默默地在为你服务着。

我们通常不会想到要去倾听它细微的讯息，但是今天如果发现了，知道它哪里不舒服，哪里卡住了，那么请待它好一点。

如果在做练习时感觉肩颈痛，那么请记得看手机计算机一段时间后就要起来伸展一下，甚至给它一些热敷，让自己的肩颈可以放松喘息，因为这是它刚刚给我们的提醒。

Q：练习中我的思绪会飘走，即使在语音导引里面有提到要拉回到呼吸上，但是好像还是拉不回来，怎么办？

这是很正常的现象，就像我们一开始说的，我们的心本来就像一只猴子一样跳来跳去，要让一只猴子马上安静坐好，其实是不太正常的事情，所以一开始没有办法很快地拉回来也没有关系，只管持续地练习，一次又一次，飘走再拉回。

慢慢地我们就会形成新的神经回路，练习的次数越多，就越容易定锚在呼吸上。我有一个建议给初学者，可以尝试仔细地去聆听自己一呼一吸发出的声音，将专注力放在吸气、吐气的声音时，就能够感觉到呼吸的存在，这可以帮助我们定锚在它上头。

Q：为什么我在做腹式呼吸时会感觉浑身难受、焦虑烦躁，整个人很想动呢？

有一些同学觉得腹式呼吸不舒服，那是因为太用力了。腹式呼吸其实是一个在放松的情况下，自然就会出现的一种状态。我们可以去观察一下孩子在睡觉的时候，肚子一定是一起一伏的，他们用的就是腹式呼吸，而不是胸式呼吸。

所以，刚开始做腹式呼吸，觉得很难做到的时候，或者是觉得不太舒服的时候，可以让自己先躺着做，躺着做其实就是让自己比较容易放松下来。在睡觉的时候，当我们完全地放松下来的时候，自然都是腹式呼吸。

正念很重要的一个态度就是：不刻意去强求那个状态。

用开放的心去接纳不舒服的出现，然后继续呼吸，吸气的时候把能量带到不舒服的部位，吐气的时候让那些不舒服可以随着吐气呼出，用放松的身体来练习，用放松的心情来练习，相信大家一定会越来越好的。

在正念练习当中，每个人的反应都是不一样的，甚至同一个人在练习过程中也会出现不同的感觉，有些是放松平静，有些是酸麻胀痛，有些是昏昏欲睡，有些是神清气爽。在面对各式各样的反应时，我们可以尝试着用一颗好奇的心去探索这陌生的感觉，用包容的心去接受它的存在，并且给自己一些时间去看看它会有什么变化。

就像一位温柔的母亲，用耐心和爱心去观察孩子的反应，去聆听孩子的话语一样。这些在正念练习中出现的身心反应，很多代表了身体和心灵想要告诉我们的讯息，只是它们的声音很微弱，我们平时都没有注意到。

这些反应代表了什么呢？最直接的方法不是旁敲侧击问他人，而是直接去问身体和心灵："你想要告诉我什么呢？你想要我为你做些什么吗？"慢慢地坚持练习，它会告诉我们的。

Q：我晚上睡前练习做了腹式呼吸，然后早上四点半就醒了，精气神还不错。这是什么原因呢？

植物需要阳光、空气和水，这些都是能够让它制造能量的东西。大家可以想一想，人类是怎样为自己补充能量的？不只是可以通过饮食、通过休息，还可以通过呼吸。

儿时的小学课本里面有一句话:"药补不如食补,食补不如运动补。"运动为什么很补?就是因为它带给我们大量的氧气,而腹式呼吸也是一样的,通过长而深的呼吸,慢慢地我们就可以从这当中得到更多的能量。

如果我们平时用腹式呼吸的话,精力会比较充沛,且如果在睡前做腹式呼吸,睡得也会比较沉。晚上睡觉的时候,我们需要将自己的头脑放空,思绪放空,让自己能够轻松安定,这样可以入睡得比较沉。而腹式呼吸也帮助我们做到了这一点,所以无论是白天还是睡前,大家都可以慢慢地练习,从胸式呼吸改成腹式呼吸。

Q:我在大部分情况下用盘腿坐姿做腹式呼吸时都觉得胸口好闷,或者是胃不舒服,但是如果躺下来就会很快进入状态。我想知道这是为什么?我需要多加练习坐姿的腹式呼吸吗?

躺下来练习腹式呼吸会比较舒服,是因为脊椎拉直了,当盘腿的时候,我们的脊椎容易弯曲。要保持脊椎是一条线的状态,这里有一个小秘诀教给大家:拿一条毛巾折一折,让它有一点高度,然后把它垫在你的尾椎下面,这样盘腿坐着的时候,尾椎下面有一个支撑,我们会发现,整个脊椎就会拉直,会感觉到从头顶到尾椎,脊椎是垂直的一条线,所以胸口是打开的,就不容易感到胸闷了。

Q:每次进行正念练习时,身上会微微发热,这正常吗?还是因为内心比较乱而导致的呢?

这是正常的。平常我们的注意力都在外面各式各样的刺激上,所以很多能量都发散掉了。动物冬眠不用吃东西，因为它没有劳动消耗。我们坐在办公室里，其实我们的身体也没有动，但为什么我们还是觉得肚子饿，想要吃东西？那是因为我们把注意力放在外界的工作或是其他的刺激上了，其实我们的大脑很消耗能量。

观呼吸的时候，我们是把注意力放在自己身上了，所以这个能量在我们身上走来走去，我们自然会感觉到发热。在身体扫描的时候注意力到哪里，其实能量就到那里。

正念进食

Q：有些同学说，在练习正念进食之后，觉得东西变得很好吃，有些同学则觉得东西变得很难吃，大部分人吃到了很多以前没有感觉到的味道。

通过过这个练习，学习用视觉、嗅觉、味觉还有身体的动作感觉，全然地关注进食，我们会发现这食物好像跟以前不太一样。在以往的练习当中，有些朋友说，健康的食物原本觉得是很难吃的，因为很清淡没有太多的调味，但是通过正念进食的方式，他们发现原来清淡的食物别有一番风味，有一种天然的清甜。另外，也有一些朋友反映说他们原本很喜欢吃加工调味很重的食品，做正念练习的时候才发现，在调味背后，他们可以感觉到化学调料的味道，所以就没有那么喜欢这种食物了。当我们能够用心通过感官去感觉的时候，就会发现事物全然不同的面貌。

但也有同学说，他并没有像其他的同学有那么多的感觉，好像没有闻到什么太特殊的气味，也没有吃到什么太特殊的味道。

其实不用觉得有什么不好。我们试着以好奇和宽容的心，全心全意地把注意力放在当下，无论发生什么都是可以被接纳的，吃到好吃的，接纳；吃到不好吃的，接纳；没有闻到尝到什么特别的，也接纳。

Q：正念进食具体该怎么去练习呢？是每吃一口都要练吗？我有时会暴饮暴食，虽然不是病态的那种，但我明白有时候虽然吃饱了，不饿了，但还是会想吃其他的东西。安安老师有什么建议吗？

如果可以的话，我们每天可以找一餐来做正念进食的练习，这一餐请单独吃，关掉手机，关掉电视，全然地投入，安安静静地吃饭，感觉这个世界只有自己，还有那一份饭菜，好好地去品尝吃的每一口。

"正念进食"的音频是让大家尝试用一个非常慢的速度来吃一口食物而已，我们如果在日常生活当中这样吃一餐的话，会吃很久很久，所以大家可以斟酌，也可以不听音频，就是用这样专注的态度慢慢地吃，细细地去觉察每一口饭菜，我们的味觉、视觉、嗅觉、听觉与身体一起感觉和这个饭菜之间的互动。

目前在欧美有很多的研究显示，其实正念可以帮助改善暴饮暴食，因为我们了解自己吃了什么，还有吃的量是多少，自然比较容易去调控自己的饮食。

虽然知道吃饱了不饿了，但还是会暴饮暴食怎么办？安安老师建议大家要去看一看背后的原因到底是什么？因为我们的身体还想再吃，一定有一个没有被满足的欲望。那个欲望到底是什么？

真的是吃而已吗?这个食欲背后隐藏的可能是其他没有被满足的东西,所以找了吃来替代,大家可能会发现,其实那个没有被满足的可能是被关怀的需求,或者是想要休息的愿望,或者是对于紧张高压的抗议。

　　当可以看到背后真正的原因的时候,我们就知道要用一个比较健康的方法去处理它。比如说可以通过运动释放压力,或者是找一些知心伙伴聊天,或者是关掉手机电视,好好地让自己放松休息,可以采取更加健康的方式去满足自己真实的需求,而不是用暴饮暴食的方式去补偿一个伪装的需要。

第四章 把专注带进身体

许多人觉得现代生活常常陷入一阵混乱之中，拜手机、网络等科技所赐，我们几乎全天候皆可以与他人联结，但在这个过程中，我们常常会忘了联结自己。

两岸童装服饰知名企业丽婴房的创办人林泰生，曾与公司高级主管一起上正念初级课程。上课时，正念老师引导各主管集中注意力，逐一感觉从脚底到头等身体各部位，结果引导到肚脐时，超过一半的人都打呼睡着了，其中包括林泰生。

有人抱怨自己有睡眠问题、工作太累，但经由老师的引导，这些人才惊觉，原来自己欠缺"专注"。而正念正是要学习专注于我们拥有的每一时刻。大家可能会发现保持专注并非易事，是什么让我们分心了？接下来安安老师要介绍给大家，在正念练习过程中，我们通常会遇到的五种障碍，帮助大家理解。

1. 练习正念时五种常见的障碍

障碍一：想要(wanting)的念头

第一种障碍，是我们常常遇到想要（wanting）的念头，举例来说：

"我肚子饿了，待会上完课要吃什么好？"

"我看安安老师今天穿了一件白色的衣服，我也想买一件。"

"我今天的工作表现不太好，明天要怎么做才能更好些。"

因此，在进行正念练习的时候，我们会发现自己有好多想要的念头在里面，而这些想要的念头会阻碍自己在此时此地专注于呼吸或是身体上。

障碍二：不想要(unwanting)的念头

第二种障碍，是遇到不想要（unwanting）的念头。对于讨厌的事情,我们通常会出现不想要的念头。举例来说:正念练习的时候,有些人腰疼,有些人腿发麻,于是坐立难安,觉得不舒服,不想要这些不舒服的感觉!我们对这个东西感觉讨厌不舒服,就会有排斥心态:

我不想要!

我想躲开它,或者是消灭它!

这些不想要的念头会阻碍我们专注于正念练习。

障碍三:昏沉(sleepiness)的念头

第三种障碍,也是常常出现的,就是昏沉(sleepiness)的念头。在做正念练习的时候,会觉得身体疲倦,整个人进入一种昏昏欲睡的状态当中。有一些同学会说,听了正念练习的音频觉得很舒缓放松,听到后面就睡着了。

正念,是我们要保持清醒的觉察。如果真的很想睡觉,可以在做完这些练习以后,再去好好地睡觉,相信会睡得很好。但是,在正念练习的全程,我们是需要保持清醒的。

所以,如果发现自己做到一半就睡着的话,那么安安老师建议大家换个姿势,比如说平常可能都是躺着做,那么可以试着坐起来,让自己保持清醒,如果坐着也很容易睡着的话,甚至可以站着练习。

障碍四：烦躁不安（restlessness）的念头

第四种障碍，就是烦躁不安（restlessness）的念头。在过去练习的经验中，有同学反应一开始做的时候很难平静，容易感到躁动，坐不住，没办法进入状态。这种现象是正常的，很多人都会碰到，因为平常外界的刺激太多了，大脑喜欢刺激。新奇的刺激会吸引我们的注意力，我们的心思就会被牵引到那个刺激上。如果我们无法细微地去觉察身体的感受，就会觉得专注于自己的内在好无聊，因为没有刺激，心思就散乱了，所以会造成躁动的状态。心思散乱时，观察一下心现在在哪儿？当能够察觉心在哪个地方，就可以温柔地，带着慈悲，将散乱的心再次拉回到呼吸和身体上。通过持续不断的练习，可以训练感官变得敏锐，同时心思保持稳定。

障碍五：怀疑（doubt）的念头

第五种障碍，就是常出现怀疑（doubt）的念头。很多人可能坐在这里练习正念，心里却在想：

"怎么别人都有放松专注的感觉，我却没有？"
"怎么别人都可以感受到身体细微的感觉，我却没有？"

所以，就会去怀疑自己能做到吗？如果在正念练习时出现自我怀疑的状态，试着去接受发生的和没有发生的一切，无须评断那是好的还是坏的，信任生命带给自己的体验。

2. 五种障碍,也常出现在生活中

其实,大家会发现这五种障碍,不只是发生在正念练习的过程中,也可能常常出现在生活里面。比如说,生活当中我们也会被很多的想要所困扰——想要某个东西得不到,觉得好失落,欲望没有被满足;或者,生活当中会有很多不想要,对那些东西不喜欢,比如说让自己恐惧的事情,不想跟它在一起,但是它好像总是过来,推开了它又来,推开了它又来。

此外,大家是否常在现实生活中昏昏沉沉,没有办法去感知每个当下?安安老师就常常看到,朋友聚会大家同桌而坐都在玩手机,每个人都在自己的虚拟世界中,没有出来跟当下的现实真正地联结,跟大家的情感真正地联结,其实这也是一种思想和心灵的昏沉。

我们在平日也会出现烦躁不安的状态,每天

总是急急忙忙地赶东赶西,静不下来,永远在想下一步要怎么做,无法用正念的态度来生活,觉得太慢了。最后一种障碍也常常听到,特别是在心理咨询室里。来访者会说:"我不知道为什么这问题会发生在我身上?"不知道怎么走下去,觉得被困住了,对自己的能力和人生产生怀疑,抱怨自己为什么生在这样的环境,认为自己没有办法克服现在的困难。

3. 四步摆脱五种障碍的困扰

这里有四个步骤,你可以一步一步照着步骤去实践,让自己有效面对可能在正念练习中出现的这五种障碍。

第一步是去"陪伴它"。 当你在做本周正念"身体扫描"练习时,如果发现自己扫描的那个部位好像没有什么特别的感觉,或者是有一些不舒服的感觉,这都没有关系。

身体是你最好的朋友,这辈子它从你出生一直跟着你到现在,你可以陪伴它、关怀它、接纳它所有的状态,就像你在陪伴所爱的人一样:**他可能会向你抱怨一些不太舒服的事情,即使没有什么话要告诉你,但是只要你在他身旁关注他,他可能就已经感觉到很安心了。**

第二步是去"体验它"。 你平常一直都在关注外界的刺激,所以没有时间、没有精力跟自己的身体沟通，这个时候其实就是你好好看看它的机会。当你好好看看它的时候才发现，原来它有些紧绷，原来它有些损伤，原来这个部位需要更多的关怀和照顾，只有你专注地觉察，才能看到它真实的状态。

"情绪"这个词，英语是 emotion，意思是 energy in motion，流动的能量。这意味着情绪需要自然地流动，而压抑情绪就是阻碍了能量的流动。 当能量的流动受阻，身体就会出现紧张。比如说，身体的某些部位会有疼痛的感觉，你的能量可能就堵塞卡在那个部位里面。所以在做身体扫描的时候，也许你会察觉到某些部位的感受，在这个身体感受里面再去探索一下，可能会出现某种情绪的感觉。可以尝试去体验那种情绪的感觉，不要再去压抑它，而是愿意去体验它、接纳它，让能量流动起来。

第三步是"照顾它"。 做身体扫描感觉到身体有部位不舒服的同学，老师也要恭喜你们，因为你以前可能忽略了，原来这个部位里面积累了好多压力，所以当你开始专注于身体的时候，这个积压的东西就显现出来了。

要给予自己的身体更多的关怀，要特别地去照顾它，这是一个去聆听身体讯息的好机会。如果胃不舒服，要特别注意饮食习惯，吃饭要定时适量；如果膝盖痛，要特别去保养关节，补充高钙食物，运动的时候要用护膝；等等。

当身体告诉你它的状态时，你要好好地去关爱它。现代社会很多人都是在做身体健康检查的时候才发现出毛病了，但是如果可以每天给自己做一个身体扫描，在它只有小小毛病的时候就可以觉察，那么一定会更加健康。

第四步是"改变它"。正念是让你在接纳自己的前提之下去做出改变。比如说有些人可能练习一会儿就睡着了，然后自责没有把练习做完。安安老师要说，没有关系，要接受自己的确累了，需要休息的状态，但同时也在这个基础上想一想，怎么样才能把正念练习完整地做完。

也许你可以试着在觉察到自己有一点昏沉的时候，就立刻转换觉察的部位。比如说，注意力放在脚上时，你觉得好像快要睡着了，那么这时候你可以把注意力从脚上面抽离，转换到别的部位去，让自己的觉察是流动的，这样就不容易进入昏沉的状况。

或者，你可以改变一下环境，如果在练习过程中非常想睡觉，那么你挑的练习地点就不应该在房间的床上，而是应该坐在客厅的椅子上，等做完练习以后，再回房间去睡觉。所以，**先接纳自己，但同时也在接纳的基础上想些方法改变自己。**

接纳是一个非常重要的基础环节，包含了接纳自己、他人与世界，接纳就是让你可以安住在当下的状态，当你有了安住在当下的底气后，才会有足够的力气和能量去做改变，而这个改变才会扎实稳固。

4. 正念的原则：开放的心，持续练习

正念，不只是应用在我们上课的几十分钟而已。现在我们学习正念，并带到生活里面来练习，就是在用一个新的原则过日子。

练习之前不预设立场

世界上有很多地方都开设了正念课程，怎样的学员可以在正念课程里有最大的收获？

有些学员可能是受父母或学校逼迫，或者是被医疗院所转介来的。这些人就是抱着一种预期"不会有用"的心态，根据"自我实现的预言"果然就不会有用。这些人可能练一两次，觉得没有什么效果就放弃了。

有些学员刚好相反，他们是正念的忠实信徒，非常积极正向地认为"我一定会变好"，结果发现这种人也练不了。还记得吗？正念的其中一个

态度就是不强求。如果练习几次以后没有看到效果，就会产生很多的怀疑：我怎么还是会忧郁？我怎么还是焦虑？为什么我身体还是痛？为什么在痛的时候我的心情还是不好？从而无法持续地保持平常心来练习正念，也就容易半途而废了。

最有收获的是那些把正念融入生活的学员。这些人一开始来上课的时候，并没有预设立场，"我不知道正念有没有用，但是我愿意好好尝试，看看会发生什么事情"。用一个开放的心态来学习，他们并不是天生特别聪明厉害，而是善于再来一次重新开始。不要带着任何的评判，不要带着任何的预期。**用一个全然开放的、不抱有任何预期、不抱有任何评判的心持续地练习，这就是正念的原则。**

将正念练习变成一种习惯

持续练习是非常重要的，八周的课程只是一个开始，在未来的日子里，正念会变成一种生活的习惯。

在日常生活当中，有些人会说自己很忙很累，没有时间练习怎么办？很多成功的企业家每天睡眠的时间可能就只有两三个小时，但是仍然精力充沛、精神抖擞。**我问他们怎么样补充元气？很多成功人士都有共同的答案，那就是每天再忙再累，都会花一段时间来静坐，这让他们可以保持活力。**

他们告诉我说，静坐的时间虽然很短，但是为身体充电的能力，却远远高于补品、睡眠、运动等，因为他们实在太忙了，必须选择最有效率的方式来充电。人累的时候,其实最需要的就是休息,把正念练习当成是一个让自己恢复精力的方式,每天只要抽出 15 分钟休息的时间来练习,就会很有活力!

大家可以在忙碌之前来做这个练习,因为忙完之后再做正念练习,可能会因为觉得太累导致练习一会儿就睡着了。提早到要做事之前来练习的话,可以帮助自己保持专注和活力,所以就不容易进入又忙又累的状态。

除了听音频的时候练习,我们在日常生活中,只要把心安放在当下所做的事情里,也是一种正念。比如吃饭的时候,可以每天挑一餐来当"孤独的美食家";或者是洗澡的时候,试着让自己去感受水流在身上流过,在擦沐浴乳或肥皂的时候,感受手接触皮肤的感觉、闻到的味道,然后体会身体跟水流之间的互动。我们可以将正念应用在很多事情上,因为**正念的精神就是以一颗好奇探索、温柔接纳的心活在当下**。

5. 第二周的正念练习

♪ 身体扫描

在这个练习中我们试着将注意力当成是一盏探照灯,照在身体的各个部位,全心全意地去关注和探索各个部位的感觉,我们可能从来没有那么细致地去倾听过自己的身体。这是一个很好的练习,帮助我们把心思意念放在身体上,正是所谓的身心合一。

★ 现在,请你找一个舒服的姿势,你可以坐着,也可以躺着。

正念身体扫描

当你预备好了,请做 3 次的深呼吸,慢慢调整自己呼吸的频率,让自己在和谐顺畅的频率当中,逐渐地安静下来,我们要来练习把注意力放在身体。

注意力就像一盏探照灯,探照灯照到哪里,我们的注意力就放在哪里。

现在,请将注意力探照灯温柔地照在你的左脚。把所有的注意力放在左脚,感受脚踝、脚掌、脚趾的感觉。可能有些感觉,你以前从来没有注意过,用好奇的心去观察,试着接纳所有的感觉。如果你发现左脚有紧张不舒服的感觉,试着将呼吸带进左脚。吸气的时候,观想气息也同样流向左脚;呼气的时候,左脚的不舒服或紧张也随之松开流出。用你的呼吸,给左脚一个放松休息的空间。

接下来,将你所有的注意力摆放在你的左小腿和膝盖上。用温柔包容的心去观察、去感受它们现在有什么样的感觉;用一颗好奇的心去探索这个地方所有的感觉,包容它、接纳它。如果在这个部位发现任何的紧张,吸气的时候,观想气息流入这个部位,给它能量;呼气的时候,所有不舒服,都松开带走,用呼吸为这个部位创造一个放松安定的空间。

接下来,请把注意力探照灯转移到你的左大腿。去探索这个部位的感觉,温柔地接纳、包容所有的感觉。请用你的呼吸,为这个部位创造一个放松安定的空间。吸气时让能量流向它,呼气时松开所有的紧张与不适。

接下来,请将注意力探照灯照向你的右脚、脚踝、脚掌、脚趾,用好奇探索的心去观察这个部位所有的感觉。接纳包容所有的感觉,让呼吸为这个部位形成一个放松安定的空间,注入呼吸的能量,松开带走一切的不适。

接下来，注意力探照灯来到右边的小腿与膝盖。细微地察觉这个部位所有的感受，接纳它、包容它，给它一个放松安定的空间。

接下来，注意力探照灯往上，来到右边的大腿。细微地察觉这个部位所有的感受，接纳它、包容它，给它一个放松安定的空间。

接下来，注意力探照灯转向你的下腹和臀部。去感受在骨盆腔里面所有的感觉，带着好奇探索的心去观察，包含那些最细微的部分，都用心地去体会。如果有任何的不舒服或紧张，请给它们一个空间，呼吸放松，接纳，包容。

接下来，注意力探照灯移转到你的上腹部。用好奇探索的心去观察这个部位所有的感觉，如果有任何的不舒服或紧张，请用呼吸给予它们一个空间，吸气时注入能量，呼气时放松带走。

如果在练习的过程里，你发现自己走神了，或者是发现自己快要睡着了，请温柔地将注意力拉回到自己的呼吸上，让呼吸成为一个让你清醒平静的锚。关照自己呼吸的气息，回到清醒平静的状态，再将注意力放在当下正在练习的身体部位。

现在，请将注意力探照灯照向你的胸腔。清醒稳定地去感受这里所有的感觉，觉察最细微的感觉，如果这里有任何的不舒服或者紧张，请给它们一个空间，用吸气注入能量，用呼气松开带走。

接下来，注意力探照灯继续往上，来到你的脸部。觉察脸部所有的感觉，探索它，带着好奇的心，察觉那些你可能从未尝试察觉的部分，温柔地放松接纳。

接下来，注意力探照灯照向你的头部和脑部。探索头部和脑部的感觉，察觉那些你从未察觉的部分。感受它、接纳它，用吸气注入能量；松开，随着呼气带走一切的紧张与不适。

接下来，注意力探照灯转向你的肩颈。探索肩颈的感觉，察觉那些你从未察觉的部分。感受它、接纳它，用吸气注入能量；呼气松开，带走一切的紧张与不适。

接下来，注意力探照灯移到你的背部。你可以由上往下，慢慢地探索，细细地去察觉背部所有的感受，用呼吸给你的背部和脊椎一个可以放松的空间，吸气注入能量，呼气松开带走。

接下来，注意力探照灯移转到左手的手臂、手肘。将所有的注意力都放在这个部位，观察所有的感觉，接纳所有的感觉，让呼吸带来一个放松的空间。

接下来，注意力探照灯移转到左手手掌、手指。观察这个部位所有的感觉，接纳所有的感觉，让呼吸带来放松和能量。

接下来，注意力探照灯转向你的右手手臂、手肘。细细地观察这个部位所有的感觉，用心去体会，把呼吸带进右手手臂和手肘，松开所有的紧张与不适。

接下来，注意力探照灯转向右手手掌、手指。用心地去观察一切的感觉，细细体会，把呼吸带进右手手掌和手指，放松这个部位的紧张。

现在，将探照灯回归到呼吸的气息上。一呼一吸，方寸之间，宁静安定。你现在可以试着慢慢地将注意力探照灯的灯光转弱，将探照灯熄灭。什么都不做，什么都不想，全然地放空放松，和自己的身体在一起。

♪ 正念行走

正念可以应用在行、住、坐、卧之间，在你走路的时候，要全然地将注意力放在脚上，去感受脚底和地面的互动，觉察大腿、小腿、膝盖、脚掌、脚踝是怎么样运作的，将所有的专注力都只放在走路这件事情上。

强化脚步与地面之间的关联

在开始正念行走之前，安安老师要先教大家一种借力使力、不费力地走路的方法。

你现在可以先试着走几步路，感觉一下脚用力的方向以及脚掌和地面的关系是什么？很多人会发现，原来脚步力量是往前的，而不是往下的。也就是说，你和地面之间的关联性不是那么强。**当你可以把脚步和地面的关联性强化的时候，走路时整个人的重心和根基就是稳固的。**这也是为什么中国的太极、西方的舞蹈中都把走路当成一个很重要的训练课程。

那么，如何走得轻松又重心稳健呢？想象一下骑自行车的时候，你的一只脚往下一踩，另外一只脚就被很轻松自然地弹起来了，这只被弹起来的脚再往下一踩，另外一只脚又被很轻松自然地弹起来了。现在要做的行走练习其实也是类似于这样的状态，是利用地面对于自身的一个反作用力，让你可以抬起后脚跟来行走。现在,可以试着把你的前脚跨出去往下蹬地。

你可以想象一下这个往下蹬地的力量,从脚底穿过地面,往下深入到地球的地心,然后反作用力从地心往上推到地面,再向上推到自己的后脚跟,你的后脚很自然地就被这个反作用力给推起来了,就像刚刚说的踩自行车一样。

★ 现在请大家找一个安全安静的环境,双肩放松。

正念行走

想象你的头顶好像有一根线被提起来,你的脊椎是打直的,非常轻松地站着。

接下来就请你一步一步,非常稳健轻松地开始行走。将全然的觉知摆在你的脚上,去感受你的脚底和地面的互动,你的大腿、小腿、膝盖、脚掌、脚踝,它们是怎么样运作的,将你所有的专注力都只放在走路这件事情上。

当你发现心思意念从你的脚步上飘走了,那么请你暂停,站在原地,重新地将心思意念拉回到你的脚步,就如同在之前的正念练习里,我们把呼吸当成是一个定锚的点一样。现在我们练习把双脚当成是一个定锚的点,再继续开始往前行走。

6. 第二周作业

- **每日做"身体扫描"的练习**

　　身体是我们最亲密的朋友，但是很多时候，我们却忽略了关注它，倾听它的声音，造成了身体和思想心灵的分离。正

正念身体扫描

念练习能够帮助我们回归到身心合一的状态，让我们花一点点的时间，好好地来观照我们的身体。

记录

- **本周至少练习三次"正念行走"**

    我们可以跟着"正念行走"的音频来练习,在走每一步的时候,左脚、右脚、转身,都去感受自己的每一步,注意力只是在当下,不在别的地方,觉察身体细微的动作。当发现自己的意念已经不在脚步上的时候,可以停下来,等到自己的意念被拉回到脚步再继续走。我们可以在公园里走,也可以在自己房间走,路程短也没关系,可以反复练习。

正念行走

记录

_____
_____
_____
_____

- **每日以正念方式完成一件例行的事情**

    我们可以以正念的方式来做任何事情。无论是烹饪、吃饭、洗碗、刷牙还是洗澡、穿衣等。如同前一周的"正念进食",我们就像一个外星人,第一次来到地球吃面前的食物,洗澡也是一样。

我们像一个小婴儿刚刚来到这个世界上,第一次洗澡。我们要打开所有的感官来体验,我们会闻到沐浴露的味道,会闻到自己身体出汗的味道,还会听到水哗啦啦的声音。再仔细一点,会听到自己用刷子或者是沐浴球摩擦身体的声音。

我们也可以挑选其他日常生活中的例行活动,试着在这个活动的每一刻都保持觉察,看看有什么新发现。在每一次的练习当中尽量地打开自己的感官,视觉、味觉、听觉、嗅觉、触觉和动作感觉,试着开放自己去体验和探索,就像一个探照灯一样。

记录

_____
_____
_____
_____
_____

如果有问题,请看下面的答疑,或者直接去公众号咨询。

7. 问与答

身体扫描

Q：为什么我在做身体扫描时有温暖舒服的感觉？

基本上，当身体放松的时候，血管舒张让血流量上升，所以你就会有温暖的感觉。一般来讲，我们测量一个人的紧张程度，会测量他的末梢体温，比如手和脚的温度，如果温度上升，那就代表末梢血流增加，身体是放松的。

Q：要怎么把呼吸带到身体的各个部位？

如果你觉得做这样的观想不太容易，那么也可以想象一下，身体部位像是有鼻子一样，跟你一起一呼一吸。想象这个部位的肌肉一张一弛，就如同一呼一吸一样，肌肉张弛的频率跟你的呼吸同步。你可以试着把呼吸带来的感觉，无论是清凉的、放松的感觉，还是温暖的、舒服的感觉放在这个部位上，然后让这个部位跟随着你的呼吸频率，一张一弛，慢慢地你就可以感觉到自己将呼吸带到身体的各个部位了，让身体与呼吸同频。

Q：探照灯般的觉察是在脑子里想象出来一个自己，以第一人称去观察自己身体吗？是不是观察部位是亮的，其他身体部位是暗的？还是说去感受身体？

安安老师告诉大家，觉察的部位是暗是亮都可以，探照灯只是一个比喻，你只要把专注力放在这个部位去感觉它就行，不需要再去想象一个人去观察自己的身体。现在只是这个部位需要被关注，你去关注它、感受它，然后下个部位需要被关注，你再去关注和感受下一个部位就可以了。

Q：做身体扫描的时候，有时候身体反馈给我的感觉来得很慢，比如说在扫描肩膀时，腿部的感觉会更强烈，请问这时候怎么办呢？

每个人练习正念的节奏都是不一样的，节奏快慢并无好坏之别。发现自己的身体反馈比一般人来得慢没有关系，你可以在听音频的时候，先照着音频的节奏练习，当知道身体扫描要怎么做了，那么你就可以不听音频，按照自己的节奏来做。你可以在扫描的部位耐心地等待一会儿，等感觉到它的反馈以后，再挪到下一个部位。

Q：在正念练习的过程中，我会莫名地很抗拒探索身体，不想要进入，不想做身体扫描，该怎么办？

正念，是接纳自己的一切状态，同时我们也愿意在接纳的基础上做出改变。所以，不要抗拒自己会抗拒，明白吗？抗拒就抗拒了，没有关系，就接受自己的抗拒，这只是一种状态，没有对错。当你接受自己的抗拒以后，可以允许自己去看看，抗拒的背后是什么？也许你会有一些发现，可能是担忧或是愤怒。同样，接纳自己有这些情绪，允许自己体验这些感觉，也许自己再去探索一下，这些感觉的背后是什么？可能你会有一些更深入的发现，也许是创伤、悲哀或是恐惧。很多时候，当你愿意去体验那些压抑的感觉时，你会发现它其实并不如我们想象中那么可怕。甚至当你看见它、听见它、愿意接受它的存在的时候，它就会开始变化，卡住的能量也会开始流动。

你可以在接纳自己的基础上，先试着做小部分的身体扫描，比如说只扫描自己的左手，等到对左手的探索慢慢习惯了，抗拒解除了，再扩展到其他部位，从左手延伸到右手。隔一天再多加一个部位，逐渐适应身体的觉察，从小范围开始每天一步一步地增加，让新的习惯慢慢养成。

正念行走

Q：*"正念行走"是要把注意力集中在脚上，还是集中在心上？*

我们要把注意力集中在脚上。很多人可能走一走会发现，注意力好像没办法集中在脚上，前面几步还可以，但再走了几步，就突然想到别的事情。当发现自己的注意力跑掉了，就要温柔地再次把注意力拉回到脚上，继续去觉察。

Q：*可不可以在上下班的时候练习？*

练习"正念行走"时，我建议大家找个安全、安静的地方。若是在车水马龙之处，第一，如果你把注意力集中在脚上，可能车子来了有危险你都不知道；第二，如果你的注意力都在外面的刺激上面，也难以觉察自己身体肌肉的感觉。

大家可以在动态练习中保持稳定,当发现自己的心不在脚上,而是想着"待会儿要吃什么?""旁边的女生真漂亮!"……安安老师建议大家停下来,去看看那个想法是什么,告诉自己"我知道了",然后把意念再次拉回到脚上继续走。也可以数数儿:左脚、右脚、左脚、右脚……来帮助自己集中注意力。所以,无论是做正念行走、正念进食还是其他的正念练习,找一个安全、安静、无人打扰的地方,让自己能更加轻松专注地觉知自己的感受。

第五章 让身体与呼吸合二为一

很多人把正念和生活分开，正念的时候清静安详，生活的时候却仍处在烦乱之中，正念和生活被切成了两半。

一行禅师曾说，生命只在念念分明的此时此刻，心念离开当下，如同没有活着的人。洗碗、喝茶、走路、陪伴爱人孩子、聆听同事说话，在每一个当下具足正念，才能够真正的身心自在。

1. "全人"是身心合一的整体

一个完整的人,包含了这个人的身体、心理、社会及灵性各个层面。"全人"两个字,指的就是身体、心理、社会、灵性之间相互整合的关系。人是身心的整合体,但是我们却常处在一种分离的状态当中——身体在这里,心却在那里。

本周要介绍"身心合一"的练习。如果我们不知道身心合一到底是什么,那先来看看它的相反状态。举个例子,我们很多时候一直在玩手机,玩了很久才回神,"哇!手好酸好累!"但是,在我们玩手机的时候并不觉得,放下手机的时候才会发现。刚刚那个状态,身心是分离的,我们的心思被外在的人、事、物带走了,以至于我们没有办法和身体连结在一起。

在我们还是小婴儿的时候,饿了就哇哇哭,有人搔我们痒就咯咯笑。长大成人以后,如果看见一件很好笑的事情，因为老板在前面，我们就要憋住不能笑，如果还在开会，我们也不能因为饿了就离场去吃饭。由于遵守外界的规则，限制了身心合一的机会，我们就习惯了不觉察也不回应身体的讯息，所以身体出了毛病。

其实回到**身心合一的状态**，就是我们的心思能够很清楚地觉察身体的状态，然后，当身体发出讯息的时候，我们可以给予回应，给予及时的回馈，这就是身心合一。

2. 身心合一才能觉察身体的问题

许多身体上的毛病来源于情绪，可能因为遭受到高度或长期的压力，或者是有一些负面的想法。我们不知道要怎么样来处理这些情绪，它们卡在我们的心里，需要找一个出口来表达，于是找了身体作为传达内在讯息的媒介。

只有我们觉知身体疾病的本质，才能够真正地从根源去解决它，会发现问题出在哪里，可能是来源于心里一些没有被解决的情绪，可能是来源于自己对很多事情的看法。如果我们只把身体的问题归因于身体上，身体跟心理是分离的。在正念的过程当中，对于自己的身体和心理进行更多的觉察和探索时，就会更清楚地看到，自己身体问题的来龙去脉在哪里。

当身心能够再度合一，人的脉络才能完整地显现出来，有了清楚的脉络，处理方式才能真正对症下药。我们就像在玩藏宝拼图一样，缺漏的那一块拼上去了，一幅完整的藏宝图就显现出来，然后才能依据这幅图找到宝藏，心理问题得以转化，身体问题得以解决。

3. 学习"默照"的功夫

在正念当中有个概念叫"默照"。"默"意为安定专注,是"止"的功夫;"照"意为觉知明白,是"观"的功夫。其实练习正念就是在练习默照并行,止观双运:**我们要觉知明白当下发生的一切状态,同时保持安定和专注**。一般人听到这边有声音,看到那边有东西,头脑对于我们看到的、听到的就会出现起心动念。**默照的修习是:我们觉知到周遭的各式各样的讯息,但是同时保持一个安静稳定的状态**。

在一开始练习默照的时候,这两种状态可能还无法同时共存。也许觉察的时间需要花一两分钟,然后再转到安住的状态一两分钟,接着再照,然后再默。我们会在这两个状态当中移动转换,渐渐地两者重合,切换的时间会越来越短,慢慢地这两件事可以同时进行。

刚开始练习正念，没法同时既默又照是正常的。我们可以先去探索某个身体部位，等探索得差不多了，就专注地安住在呼吸里，观想这个部位跟自己的呼吸同频一张一弛，让它处在一个安静舒服的状态。然后我们再换另外一个部位探索，觉得探索得差不多了，就再安住在呼吸里，让那个部位跟着自己的呼吸一起安定放松。通过持续不断的练习，我们会发现转换的时间变短了，默和照开始逐渐可以同步出现。

在八周的课程里面，我们将由浅入深，循序渐进地从集中式的觉察，慢慢地扩大到开放式的觉察；观照的层次越来越深，范围越来越广；要看得清清楚楚，历历分明。第一周我们练习把所有的注意力放在呼吸上，我们的觉察是停在一个点上面的；第二周练习把注意力放在身体不同的部位，我们的觉察是在不同点上面转换的；本周要练习把注意力拓展到整个身体，我们将练习更加开放地去觉察自己。

即便是开放式的觉察，仍是安住在呼吸中，默照同时，止观双运。呼吸是圆心，觉察是圆周，圆周可以无限扩大，圆心却始终定于一处。在止定静安的正念状态中，看透事物运行的规律，看穿令人着迷的现象，才能得到智慧与解脱。

4. 接受生命中一切的变化

当我们在生活中遭遇了不如意、不顺遂的事情,或碰到了不想要的障碍,我们都可以跟它说:"我看到你了,我愿意接纳当下的状态。"当我们接纳它了,就有了安住的空间去看它变化流动,愿大家把这样的心态带到生活当中——无条件地关爱自己的状态下,穿越迷障,进到最里面去,在无条件的关爱中,倾听自己真心的声音。

在这里分享一首很棒的诗,相信任何的正念课程都会提到,波西娅·尼尔森(Portia Nelson)写的《人生五章》。

人生第一章

我走上街,

人行道上有一个深洞,

我掉了进去。

我迷失了,

我绝望了。

这不是我的错,

费了好大劲才爬出来。

人生第二章

我走上同一条街,

人行道上有一个深洞。

我假装没看到,

还是掉了进去。

我不能相信我居然会掉在同样的地方。

但这不是我的错。

还是花了很长的时间才爬出来。

人生第三章

我走上同一条街,

人行道上有一个深洞。

我看到它在那儿,

但还是掉了进去,

这是一种习性。

我的眼睛张开着,

我知道我在那儿。

这是我的错。

我立刻爬了出来。

人生第四章

我走上同一条街,

人行道上有一个深洞。

我绕道而过。

人生第五章

我走上另一条街。

有学员说独处的时候可以正念,但是在跟朋友交谈的时候,就会完全忘记觉察。自己事后也会反省自己,说了不必要的话,或者是夸张的话,但是好像不知道要怎么样做到事事都正念。

当你这样想时,其实你已经在路上了,你现在可以觉察到自己说错话,就像是已经到了"人生五章"的第三章,你知道有一个洞但还是掉了进去,但是你愿意在事后又爬出来。慢慢地你要进展到第四章,那就是当你看到洞的时候,会绕道而行,也就是下一次当你发现要跟朋友聊天的时候,也许可以提前就告诉自己"做好准备,我要绕道而过"。然后慢慢地把这样的习惯养成以后,你会进入第五章,你走上另外一条街,再也不用提醒自己,因为你平时说的话就会是得体的话,这就是你日常生活的习惯了。

正念的旅程,就像是从第一章走到第五章,人生的层次亦复如是,一步一步,成就了每一章的转变,每一个阶段的跃升。

5. 第三周的正念练习

♪ 身心合一的呼吸

练一练

★ 请你找一个舒适的位置坐下,轻轻地闭上眼睛,把专注力放在你的呼吸上。

身心合一的呼吸

轻松自然地呼吸,感受呼吸在身体当中出入的感觉。

可能你发现自己的心思有些散乱,没有专注在呼吸上。心思散乱是正常的现象,观察一下你的心思,现在它在哪里?当你能够察觉心在哪个地方,就可以温柔地,带着慈悲,将分散的心再次拉回呼吸,安住在你的呼吸之中,那是你内在的宁静空间,在宁静空间中保持觉察,觉察自己的心思在哪里。

如果发现心思从呼吸上走掉了,没有关系,去看看它在哪里,然后温柔地把心思再次拉回呼吸就可以了。

带着一颗温柔开放的心,去接纳所有的现象,不做任何的批判。心思跑掉多少次,就拉回当下多少次。不断持续地练习,每一次呼气都可以放下,每一次吸气都是新的开始,安住在呼吸当中。

现在请把你的意念,从呼吸转到身体,用好奇的心去探索身体的感觉,用温柔的心去接纳所有的感觉。

如果你觉得有一些部位特别能引起你的感觉,试着把呼吸带到那里,让身体跟着你一起呼吸,随着一呼一吸,身体也跟着放松宁静。

当这个身体部位逐渐地放松宁静下来,不再那么抓住你的注意力,你就可以将注意力再次扩展到全身,去关注整个身体的感觉,让整个身体跟着你一起呼吸。让身体也安住在呼吸当中,放松宁静。

保持觉察,关照全身,身体心灵一同呼吸。

放松宁静,身心合一。

♪ 正念伸展

在正念伸展中,我们要保持一颗正念的心,不评断自己做得好或不好,最重要的是时时刻刻觉察自己的动作与身体感觉,不需要勉强自己做那些做不到的动作,保持呼吸的畅顺,温柔专注地觉察自己的感觉。

★ 请你找一个安静的地方。脱掉鞋子,双脚站在地面上;把脚分开,与肩同宽;让双手轻轻自然地垂在两侧;把头顶、脖子、脊柱成一条直线,顶天立地地站着。

正念伸展

现在,请你感受一下你的脚掌、脚趾贴住地面的感觉,感受这种脚踏实地的感觉,如同山一般的安稳不动。然后将你的注意力带到脚掌,留心感受脚掌的感觉。

温柔地将注意力带到小腿、大腿,往上来到臀部、腰部,再往上到你的腹部、胸部、肩颈,还有后背以及头部,做一个非常快速的身体扫描。

感受一下现在身体整体的感觉。一呼一吸,留意呼吸,留意身体的感觉。接下来,当我们吸气的时候,请慢慢地将你的双手举向天空。举起双手,一直到双手手心在头顶上面互相地碰触,让双手尽量地向上伸展。

去感受你的双手向上伸展的感觉,你的手掌、手背、胳肢窝、脚底,甚至全身的感觉是怎么样的,留心感受,保持呼吸。

现在请你慢慢地将手放下来,手掌向外,手指向上,随着你的呼吸吐气,慢慢地放下来,回到身体的两侧。如果你喜欢的话,可以让自己闭着双眼去感受你身体现在的感觉,感受你手臂的感觉。

现在请你深深吸一口气，让你的右手往前抬起，往上，再往上，一直到你的手指指向天空。想象一下，在你手指上方有一个桃子，你想要尽可能地摘到这个桃子。如果你喜欢的话，可以稍稍提起你左脚的脚跟，让你的右手可以再往上伸展多一些。再试试看伸展更多一些，有没有可能再高一点呢？

去感觉你身体现在的感受，你好像拿到这个桃子了。拿到了以后就让你的右手慢慢地往下，让你的左脚脚跟回到地面。整个的过程都请你用心地感受你的身体，感觉你右手的感觉，你左脚的感觉。

现在我们要试另外一只手。请将你的左手往前举起，往上拉高，拉高到你的手指指向天空。你可以试着提起你的右脚脚跟，让你的左手尽量地向上伸展。同样的，在你手指上方好像有一颗桃子一样，请你再伸展多一点，就可以拿到这个桃子了，再多一些，再高一些。

你摘到了。现在，你的左手可以慢慢地放下来，右脚脚跟回到地面。整个过程都用心去体会身体的感觉，去感受你左手伸展完的感觉，也可以感受你右脚脚跟小腿的感觉。

接下来我们要做一个弯腰的动作，你可以举起你的两只双手，呼气的时候，让你的身体慢慢地往右弯曲，去感受身体的感觉。继续保持呼吸，再多一点，再弯一点，到你觉得OK的地方，你可以停在这里，保持弯曲的姿势。

继续呼吸，继续去感受你的左侧拉伸的感觉。

然后，吸一口气，将身体慢慢地带回中间，感受一下身体,现在的感觉又是怎么样的。

现在呼气,让身体往左侧弯下去,在弯的时候,感觉肌肉的动作,保持呼吸的顺畅。留心身体的感觉,到了你觉得合适的地方就可以停留在那里,不需要太过勉强自己。

停在那里,去感受你右边身体弯曲伸展的感觉。

吸气,慢慢地把身体带回中间,感受现在你全身的感觉,感受腰部的感觉,感受两侧身体的感觉。

最后,我们要来做肩膀的伸展。请你将你的肩膀往上提起,试试看去碰触你的耳朵。感觉那种绷紧的感觉,然后将你的肩膀往后去伸展你的胸部,接下来往下放松,再将你的肩膀往前,做一个打圆的动作。我们要将这个圆继续往上、往后、往下、往前。上、后、下、前,留心去感受肩膀肌肉运动的感觉。

现在我们要朝反方向转动。吸气的时候,同样举高你的肩膀,尽量碰触到你的耳朵。然后往前、往下,再往后扩展你的胸部。上、前、下、后,留心去感受你肩膀转动的感觉。

接下来,我们将肩膀高高地举起,绷紧再绷紧。当我们数到 3 的时候,就请你将肩膀完全地放下放松。1、2、3……

再一次用力地绷紧你的肩膀,尽量地贴近耳朵,然后数到 3,就放松它,1、2、3……现在留心去感受你肩膀的感觉。

我们的正念伸展就示范到这里,专注感觉身体,专注感觉呼吸。**活在当下,不带评判地觉察每一个当下的感觉。**用这样的正念态度,继续再做身体其他部分的伸展。

6. 第三周作业

- **每日做"身心合一的呼吸"练习**

　　练习身心合一的呼吸,就是通过呼吸把身心重新整合在一起。很多时候我们身体在这里,心却不知道跑到哪里去了,带着觉察的意识去观照自己的身体和心灵,达到活在当下,身心合一。

身心合一的呼吸

📝 记录

_____

_____

_____

_____

_____

- **每日练习"正念伸展"**

  "正念伸展"就是用正念的方式来做伸展动作,动作做得很慢,就是让自己可以细细地觉察,觉知自己在每一个动作当中的感觉。动作熟稔以后,可以自己再增加其他的伸展动作,例如热身运动或是瑜伽术式,做的时候就用音频内的引导方式,细微地去觉察自己身体的每个动作。

  正念伸展

> 记录
>
> _____
> _____
> _____

- 将正念应用到生活当中,以正念的方式来做日常例行的事情,如正念进食、正念洗澡、正念扫地等。

> 记录
>
> _____
> _____
> _____

如果有问题,请看下面的答疑,或者直接去公众号咨询。

7. 问与答

身心合一的呼吸

Q：正念练习时，腿麻了可不可以换脚？身体痒可不可以抓？

对于初学者来说，如果想要调整自己的身体姿势，哪里痒想抓一下，或者是腿麻了想换脚都是可以的。要接纳自己换脚和抓痒的行为，探索那些让自己更加坐得住的方式。

慢慢地，我们开始步入进阶者的层次，如果身体痒或者是腿麻了，试着接纳自己这种痒和麻的感觉，探索痒和麻的感觉，里面是什么，有什么变化。也就是说，我们可以试试和自己的感觉和平共处。

Q：在练习正念过程中，注意力不能持续集中地探索身体的各个部位，要分三次才能做完一个练习。一探索观察就忘了呼吸放松，一呼吸放松就感觉快要睡着，没法集中精力去探索身体。该怎么办？

习惯是需要时间去培养和练习的。你要练习放松跟觉察同时并存。这就是正念练习的奇妙之处。

这就像是一个走钢索的过程，人走钢索，走一走往右偏要掉下去了,赶快回正,走一走往左边偏要掉下去了,赶快回正。放松跟觉察同时并存的状态就是那条钢索,你在放松到快要飘走的时候,记得拉回到觉察的状态,你在专注中想去控制的时候,记得拉回到放松的状态。一开始走钢索的时候可能摇摆得很厉害,慢慢地,偏离中心的幅度越来越小,最后你就可以很稳地走在上面。你要练习放空放松和专注觉察同时并存。

当发现自己的意念从对身体的觉察上跑到别的地方去了,无论是你放松到快要睡着了,或者是你一时走神了,试着先拉回到呼吸上,定锚后再重新将注意力放回身体部位。放松与觉察并存,这是需要练习的,给自己时间,接纳自己所有的状态,给自己爱心和耐心去经历这段过程。

Q:练习时,总不自觉地眉头紧锁,试着放松,效果不大,眼睛也跟着紧绷,请问老师这种情况要怎么解决呢?

请你在一开始练习放松呼吸的时候,加一个动作:让自己的嘴唇微微向上,保持微笑。用放松的呼吸和微笑的表情来做正念练习。其实这个方法不仅可以用在觉得自己很紧张、很焦虑的人身上,平时各位同学在做正念练习的时候,也可以加入这个动作。你会发现,好像练习完以后整个人都更加愉悦了。

身体跟心理是互相影响的,也就是说,你会因为心情轻松愉快而微笑,也会因为微笑而触发自己的心情,产生更多轻松和愉悦的感觉。所以,可以尝试在做放松呼吸的时候将自己的嘴角向上,用微笑来开启你的正念练习。

Q：如何把注意力放到全身？我始终只能把注意力放在一个点上，像脚踝、膝盖等，试了好多次都无法观照到全身的感觉。在努力观照全身时就又得像身体扫描那样从头到脚扫一遍，仍是无法觉察到全身的感觉。

做身心合一的练习，应该把注意力从局部扩展到全身。如果觉得有点困难，教大家一个方法，就如同丢一块石头到湖里面去，石头从一个点进入湖中，然后激起的涟漪越来越大、越来越大。你可以做一个这样的观想：先把注意力定在一个点上，就像一块石头丢到湖里，慢慢地这个涟漪散开些，将注意力渐渐地扩散到其他部位去。

比如说你先观照膝盖这一个点，然后以膝盖为圆心，慢慢地把这个圆扩大到膝盖两旁的肌肉；再大一点，这个圆周到了小腿和大腿；再大一点，这个圆周扩展到腹部还有脚底了。把这一个圆再拉开些，最后它覆盖了你的全身。

正念伸展

Q：我在做正念伸展弯腰的时候憋不住气，怎么回事？

我们练习的时候是不憋气的，就是自然放松地呼吸。有些同学在伸展到尽头的时候，因为想要拉伸得再长一点，所以就憋着气在那里使力，这样很容易就会上气不接下气，做下一个动作的时候气就不够了。即便我们想试试看挑战自己拉伸的极限，也请慢慢来，不要憋气，放松自然地呼吸就行。

Q：在做弯腰练习和收缩肩膀练习的时候，我似乎都能感觉到自己狰狞的表情，真的好辛苦呀！弯腰没多少就感觉自己的小腹在抖，好难受。做完收缩肩膀的练习以后感觉颈椎好痛，请问这是为什么呢？

正念是让我们轻松而专注地做当下的事。轻松而专注，这两件事要同时做到。大家通常专注的时候就非常地用力，于是导致了上面描述的情况。在正念练习过程中，要放松地去做，专心地去做，在做的时候保持自己对身体的觉察，要注意自己是不是以放松的状态在做。如果发现自己开始紧张用力了，那么就告诉自己放松下来。

我本身很喜欢跳舞，也喜欢打太极拳。无论是舞蹈的老师还是武术的老师，都会告诉我类似的概念——"专而不紧，松而不垮"：**专注但不紧张，放松但不散乱**。我们在做每一种练习，无论是正念行走、正念伸展或是听音频的时候，都要尽可能地保持放松和专注，时时觉察自己是否处在这样的状态，若偏离了就及时进行自我调整。

第六章 解码情绪的反应

许多成功的企业家都有定期安排一段安静独处时间的习惯，有些人甚至每周一次，练习沉淀自己、觉察自己。

比尔·盖茨（Bill Gates）过去习惯一年两次，空出整整一周时间闭关修炼，在非常安静的场域中体验一个人的隐居生活，除了他本人以外，完全禁止其他人踏入，甚至不和其他人联络，他将这段时间称为"思考周（think weeks）"。

在完全独自一人的环境下，他规定自己得仔细研读平常没时间处理的公司文件，想想该对员工说些什么，审视自己如何处理工作和生活。觉察自省的独处时间有助于发想创意、沉淀心灵、储备能量，以跨过下一个更艰巨的挑战。

本周安安老师要带大家进入对心的觉察。我们的心包含了念头和情绪。

1. 了解情绪的源头，觉察自己的内心

泰勒·本-沙哈尔（Tal Ben-Shahar）是哈佛大学最受欢迎的人生导师。有一次他带女儿去动物园玩，照了很多漂亮的照片。回家以后，他把照片给他的大儿子看，他的大儿子就趁他们不注意的时候把照片都删掉了。

他发现了以后非常地生气，就在情绪即将要爆发的时候，他察觉到若是放任情绪，不但对事情没有帮助，到时候还会后悔。

他告诉大儿子："我必须先离开房间一阵子，等冷静下来以后我再回来跟你说。"等到心情平复以后，他回到房间教育孩子怎么样处理自己的情绪。

这不仅让孩子上了一课，他也以身作则，成为榜样让孩子看见，人即便在生气的时候仍然可以做出理性的回应。

头脑中的自动化导航系统

练习觉察自己的心是非常重要的,在对自己的情绪、念头和身体感受进行觉察之前,我们要先了解情绪的源头。请大家看图6-1。

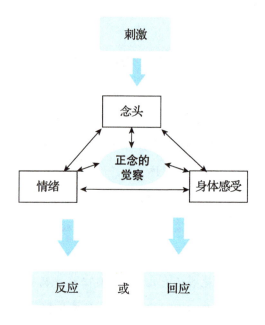

图6-1 正念觉察历程图

当接受到外界的"刺激"时,我们会马上有"念头"出现,这个念头快到我们一般人是觉察不到的。由于这个念头,我们就会生出"情绪",比如会高兴、会生气;同时也会造成我们出现"身体感受",比如心跳会加速、肌肉会紧绷。我们通常很难察觉到自己的念头，因为它后续引发的效应快到好似自动化一般，以至于我们都还不知道那个念头是什么，就已经出现了身体感受和情绪的自动变化，直接进入行为的"反应（reaction）"，而不是"回应（response）"。

这一连串的连锁效应，被称为"自动化导航系统"，就像不经思考的反射动作一样。譬如说，妈妈在叨念你的时候，你一听到就觉得"好烦哟"，在这样的情绪下，你的反应可能就会立即回妈妈说："可不可以不要再讲了。"

当妈妈在叨念的时候，你可能会感觉焦躁，胃好像揪成团，这时你可以试着去推测这个情绪和身体感受背后的念头是什么？举例来说，这个念头可能是："她觉得我做得不够好。"当你可以拆解自己的情绪、感受和念头时，就脱离了自动化历程，你可以不再反射性地对它们做出打或逃（fight-or-flight）的反应，而可以是一个有质量的回应，比如："妈妈，你周末想到哪里走走，我陪你去。"

2. 头脑中的自动化导航系统如何工作

我们可以把"自动化导航系统"想象成"无人车"一样的概念。我们不用去驾驭它,它就会自动运转。当外界有刺激来到,我们马上就做出反应了,可能根本没有去觉察过自己在行为反应前的身体感受、情绪和想法。很多时候我们的反应都是不由自主的,一看到什么事火就来了,血压上升心跳加速,脑子出现负面的想法,好像身不由己地就会这样!

在"正念觉察历程图"中,一般碰到环境刺激所产生直觉式的"反应",其实是启动了脑中的杏仁核(amygdala),它负责在侦测到威胁时,发出讯号让身体调整到高激起状态(highly aroused state),例如流汗、焦虑、心跳加速、呼吸急促、肌肉紧绷等;换句话说,早期在大脑进化上为了生存的需求,碰到凶猛野兽,我们产生了打或逃的反应，理智等于是被关闭了，因此，当我们遇到危险的刺激时，大脑可以快速地做出反应。相反地，如果我们能觉察到想法、情绪与身体反应的关联，创造一个内在空间去选择"回应"，其实是启动了大脑中的前额叶（pre-frontal cortex），而前额叶就是我们用来做出理智决策的地方。

大脑在人的一生都具有可塑性，当我们形成新的习惯时，我们大脑会建立起新的神经回路，而这些一直被激发的神经，会不断受到我们的灌溉与滋养，长得更加茁壮；反之，那些过去的习惯，因被我们放弃，渐渐不再获得我们的关注，被新建立起来的神经回路取代，当下次碰到类似的环境刺激时，我们就不会再出现旧有的习惯，自然而然会按新的习惯做出反应。

因此，当正念练习成为新的习惯，当我们有能力去拆解情绪感受和念头的时候，我们就脱离了自动化历程。我们可以不再反射性地对它们做出反应，而是能够启动大脑的前额叶，做出理性的回应。

3. 写心情日记，觉察自动化导航系统

自己来驾驶，做自己的主人

现在，我们要把主动权拿回来，开始真正坐在驾驶位置上，把车开到一个更适当的目的地。

自动化导航系统，让人类在远古时代能够生存下来。猛兽来的时候，无法想那么多，否则会被吃掉，所以情绪和身体感受的反应越快越好，这样才可以活得比较安全。然而，脱离了简单粗暴、弱肉强食的蛮荒草原，进入复杂交织、建构精密的人际社会，自动化反应的机制反而造成我们的困扰，所以我们现在要从不由自主的自动导航系统模式中跳脱出来，要开始学会开车，自己来驾驶，做自己的主人。

第四周要开始练习写"心情日记"（见表6-1），记下自己的身体感受、情绪与念头。我们要试着去拆解自己的念头、情绪与身体感受是什么，解码刺激至反应间的过程。

表 6-1 心情日记范例

日期		12/4
练习当中生起的念头、情绪和身体感受，以及你后来的感觉如何	发生了什么事情	今天游泳课我一直游不好，别人轻轻松松就游完 25 米，自己却怎么练都练不好
	发生此事时，你的情绪如何	沮丧、低落、生气、担心
	发生此事时，你的身体有何感觉	感觉脸红、全身发热；胃在翻滚、很不舒服
	发生此事时，你有何想法	我怎么这么笨，同学一定都在偷偷取笑我；我连这一点小事都做不好，未来一定什么也做不了
	发生此事之后，你的反应是什么	我决定再也不要上游泳课了；这个教练很烂，我要换教练
	现在写这件事情时，你的身体有何感觉，有何情绪想法	感觉胃有点不舒服；我还是蛮生气的，其实是气自己

我们要练习觉察自动化导航系统的运作。它太快速、太无意识了，以至于我们还不清楚自己的想法是什么，就立即出现情绪和行为的反应。我们在写"心情日记"时，可以稍微留意一下，可能有些负面想法会在不同的事件里重复出现。比如"我就是很笨"，或是觉得"我的命就是惨"。人出现情绪困扰或不良行为，很多时候是因为自动化导航系统出了问题，这个练习帮助我们拆解自动化导航系统的零部件，让我们能够看见问题到底出在哪里。

重新选择,获取自由

想要做出正确的选择,我们必须先认识到自己可以有所选择,同时根据这些可能的选择做出最有益的行动。**正念并不是让我们只能在一个状态里面而已,而是因为有了选择,所以获得了自由。**

在正念练习的时候,你会发现可能有正面的想法跑出来,也可能会有负面的想法跑出来。消极的想法,积极的想法,都会在你的脑子里面飘过来飘过去。你以前可能不自觉地会把想法当成自己,但是当你可以察觉到你是你,想法是想法,虽然你拥有这些想法,但你不等于这些想法,你会发现自己和想法可以是分开的,你可以用一个观察者的角度去看自己的状态:"哇!各式各样的想法在我的脑子里面来来去去呢!"就像天空里的云朵飘来又消散,大海里的潮汐上升又落下。

我们不用执着于一定要去消除负面的想法,只要觉察它就可以了。觉察这些想法是什么?它带给你什么情绪?或者让你想要做出什么行为?觉察的过程本身就帮助我们和这些想法之间隔开了一个空间。

安安老师鼓励大家持续练习,越练习越会发现,你不再重复地掉入陷阱,不会被自动针对某些情绪刺激做出反应的自动化导航系统一直牵着走。当你不断地训练当下的觉察,就一点一滴地拿回了自主权,你会越来越自由。

4. 让情绪来去不执着

环境不会尽如人意,但看世界的态度却能够随心所欲。哈佛大学最受欢迎的人生导师泰勒·本-沙哈尔曾说,**幸福的秘诀就在于我们能够发掘更多的选择**。我们拥有的选择,其实远远多于我们的认知,选择如何过每一天,就是选择了什么样的人生。

我们可以全然地体验自己当下的情绪,不抗拒不逃避,同时也可以拉开距离去观察自己的想法和反应,不沾黏不执着。当情绪和想法出现的时候,练习不当小跟班,只是看着它来去,告诉它也告诉自己:它不过是一种观点!你尊重它的出现,但是你是你,它是它,你可以选择不被它牵着走。那么慢慢地,我们会发现自己是自由的,不需要跟它绑在一起,正念帮助我们找到真正的自己。

5. 练习正念认知疗法，摆脱情绪困扰

这是一个抑郁的时代。世界卫生组织（WHO）预测，未来 20 年内，抑郁症可能超过心脏病和癌症，成为全球最常见的疾病，目前全球已有超过 4% 的人为抑郁症所苦。2017 年世界卫生组织发起"抑郁症：让我们来谈谈"的活动。在抑郁症的治疗方法中，药物治疗是最常被使用的方式，但过去的经验显示，一旦停止服用抗忧郁药物，很大的比例会再复发。

为了降低复发率，心理治疗是必要的。认知行为疗法（cognitive behavioral therapy，CBT）被广泛地用在抑郁症的治疗当中，它认为抑郁的情绪来自于错误扭曲的认知，因此只要改变认知，就可以战胜抑郁。它教导患者要懂得如何去分辨和驳斥自己的认知陷阱，并建立正面的认知。

但是治疗者也发现，CBT 着重直接面质、驳

斥、压抑负面想法的方式较易引起患者的抗拒，因此出现了改革的浪潮，被称为 CBT 的"第三波"发展。其中最大的改革就在于引入了正念的概念。英国的约翰·蒂斯代尔（John Teasdale）、马克·威廉姆斯（Mark Williams）与加拿大的辛德尔·西格尔（Zindel Segal）教授，三位都是非常优秀的 CBT 治疗师。他们跟着卡巴金博士学习正念减压疗法（mindfulness based stress reduction, MBSR），并且将正念引入到了 CBT 里面，发展出了正念认知疗法（mindfulness based cognitive therapy, MBCT）。

MBCT 指导患者练习以不批判的接纳态度面对自己与世界，看清"想法就只是个想法，并非事实"，协助自己从不断重复反刍的负面想法中解放出来。无须对负面的想法喊停，无须以正面的想法反驳或取代，而只需要单纯地去觉察自己的情绪，去接受自己的感觉，看到脑中冒出的负面想法，认清它就只是念头而已。它会有高涨的时候，也会有消失的时候，患者可以尝试用观察者的态度去觉察自己的想法，而非深陷其中被牵着走。

当练习者看出消极的抑郁想法只是一种心理模式，可以通过有意识地觉察自己当下的情绪和身体，将注意力从大脑中的沉思转移到当下的觉察和行动。这样就削弱了消极想法的力量，让情绪不被拉低到陷入抑郁，甚至可以在抑郁情绪来临之前就觉察到它的先兆，提早采取行动去调整和控制。

临床实验已揭示 MBCT 的效果，对于曾经历三次或以上的抑郁症发作者，它可以减少 40%~50% 的复发率。在英国，国家卫生医疗质量标准署（NICE）现在已推荐 MBCT 用在曾经历三次或以上的抑郁症患者身上。一方面，有证据显示，MBCT 与使用抗抑郁药物的疗效无显著差异，但练习 MBCT 比起持续服用抗抑郁药物的患者有更低的复发率；另一方面，许多研究也发现，对于抑郁症和焦虑症，MBCT 的治疗与预后效果和 CBT 是相当的。

因此，某些对于抗抑郁药物或 CBT 没有好转反应的抑郁症患者，MBCT 是更佳的选择。不但没有抗抑郁药物的副作用，而且执行起来比 CBT 更轻松容易，所花费的金钱、时间或医护人力成本，也更加经济实惠。如果你或身旁的人有情绪困扰，推荐的解决之道即为正念，现在让我们一起来练习吧！

6. 第四周的正念练习

♪ 观情绪

我们每天都要接触各式各样不同的事物与刺激,这些事物与刺激输入我们的大脑,认知系统评估之后会做出情绪以及行为的反应。由于社会规范和环境压力,我们很多时候不能真实地表达我们的感觉。感觉压抑在心里,慢慢地就会造成很多的负面影响和身心疾病。

观情绪的正念练习,就是要帮助我们回到真实的自己,去觉察当下的情绪。当我们愿意如实观照情绪,不再压抑它,愿意如实地倾听它、看着它的时候,我们就更有机会能够与它和平共处。

★ 请你找一个舒适的位置坐下，轻轻地闭上眼睛。

正念观情绪

把专注力放在你的呼吸上，轻松自然地呼吸。专注力就放在感受呼吸在身体当中出入的感觉。

在呼吸之中去察觉自己当下的情绪，是快乐、平静，或是忧伤、烦躁，都有可能。请你安住在呼吸当中，去察觉自己当下的心情。

你的情绪可能隐藏在你的身体部位当中，请你用心地去察觉它在你身体的哪个部位，是在你的心口，在你的肩膀上，还是在你的脸上，或者是藏在你的小腿、膝盖、眼皮，都有可能。

它也可能同时出现在好多不同的身体部位，请你安住在呼吸当中，用心地去觉察它在哪里。去看看它的大小、颜色、质地、形状。是大的，还是小的？是冷的，还是热的？是轻的，还是重的？有什么颜色吗？又是什么形状的呢？用心去感受它。

当你察觉了情绪的位置、大小、颜色、形状、质地之后，我们要来更进一步地了解它。察觉情绪也有自己的需要，很多时候情绪的需要其实很简单，可能只是想要被看见被听见，也可能只是想要我们给它一些时间，给它一些空间，带着一颗探索、好奇、接纳、温柔的心，去聆听情绪的需要。

当你看见听见了情绪的需要以后，你可以把呼吸带到情绪所在的位置，让情绪跟着你一同安住在呼吸当中，放松，宁静。

我如实地观照自己的情绪，不需要去压抑它的感觉，用好奇的心去探索情绪，用温柔的心去接纳情绪。

当你仔细地观照了自己的情绪，回归安住于呼吸，放松，宁静。你拥有情绪，同时你可以不被情绪牵着走。向情绪发出一个邀请，用慈悲邀请它和你一同进入呼吸的宁静空间，尊重它的选择。

在呼吸的宁静空间当中，如实如是地观照自己的情绪，不压抑、不逃避。给情绪一个空间，尊重情绪的本来面貌，同时也给自己的内心一个空间，让自己可以保持平静安定。

你可以将呼吸带入情绪所在的位置，让呼吸为情绪创造一个宁静安定的空间，如实如是观照内心，学习与情绪和平共处。

7. 第四周作业

- **每日写"心情日记"**(见表6-2)

在听"观情绪"音频前,请先填写"心情日记",想想今天发生了什么让情绪特别有感觉的事情,这个事情带给你什么样子的情绪,比如有些人是开心的,有些人是焦虑的。接下来,发生这件事情的时候,你有没有一些身体感觉,比如心脏位置凉凉的,肩膀上重重的。然后,再去想想当时自动出现的念头是什么?也许就是这个没有被意识到的想法念头,造就了你有这样的情绪。接下来,请记录你的行为反应是什么,你当时如何处理这件事情?你现在又有什么感觉、情绪和想法?

- **每日练习"观情绪"**

在填写"心情日记"之后,请听"观情绪"的音频。听完之后请细微地觉察自己在情绪、念头、身体感觉以及对此事件的处理方式上出现了哪些变化。

正念观情绪

表 6-2 心情日记

	日期	
练习当中生起的念头、情绪和身体感受,以及你后来的感觉如何	发生了什么事情	
	发生此事时,你的情绪如何	
	发生此事时,你的身体有何感觉	
	发生此事时,你有何想法	
	发生此事之后,你的反应是什么	
	现在写这件事情时,你的身体有何感觉,有何情绪想法	

记录

如果有问题,请看下面答疑,或者直接去公众号咨询。

8. 问与答

心情日记

Q：一天当中发生了很多事、产生了多种情绪，那应该记录哪一种心情日记？是无论哪一种都记录，还是只记录自我感觉最重要、影响最大的？

如果大家能够记录很多情绪事件的话，当然很棒，如果不能，至少每天记录一件事情！因为每一次记录都是给自己一个机会，重新去看自己的想法、情绪、感觉，还有你的反应是什么？当你可以分辨出自己的"自动导航模式"的时候，随着不断地练习觉察，在你情绪快要产生的时候，就可以提前地察觉到它。此时，你不用追着它跑，无须对它做出反应，而是可以选择有质量的回应。

Q：在写"心情日记"时，往往先感受到情绪，但情绪有时不是由某事件所引发的，可能只是积累了很久才意识到的；有时，甚至连自己也搞不清楚。请问老师这种情况该如何处理？

有个朋友是正念的长期练习者，一天他跟客户提了一个案子，审核的人跟他说："这个案子做得不好，所以没有办法批经费给你。"他回到自己的办公室,心里感到挺难过。他自己都觉得出乎意料,人生大风大浪都经过,这只是一个小计划没有审过而已,应该不至于让他自己这么难过。但不知道为什么,他仍然感到很难受,心里很纠结。后来,在进行正念练习的时候,他才发现原来跟他沟通经费的这个人,长得很像他父亲年轻时的模样。原来他难过的不是今天这个审核人员拒绝了他的提案,而是小时候他向爸爸展示自己的表现时,爸爸却不认可他,那件事让他感到非常地失落。

当他观照自己的情绪之后,他就是去感觉那个情绪,知道那个情绪在哪里,并且接纳它。然后,他告诉自己:"我在此刻给予自己很多的爱,我愿意再次原谅我的爸爸,其实他不懂怎么做爸爸,现在我也是一个父亲,我会用更适当的方式教育自己的孩子。"

所以,当你发现自己好像心里有个情绪,但是不知道是什么引发这个情绪,而情绪就在那里的时候,也没有关系。建议大家可依照"观情绪"的方式去感受它,然后探索这个情绪背后有没有什么话想说的。你可以问它:"你有什么话想对我说吗?"如果没有,你也允许,因为**正念的态度就是接纳一切的状态,你可以等待**。你就是用一颗柔软开放的心,去看待自己的情绪,就算不知道它从何而来也没有关系。当你愿意这样温柔地等待它的时候,也许它会告诉你一些事情,也许不是当下的事件,就像这个朋友的故事一样。此时,你可以给自己一个抱抱,给予它一些耐心与时间。

Q:我大多数时间意识不到,只有写心情日记时才意识到自己的情绪,有很多的负面情绪在心里面一直涌出来。虽然

练习正念知道要拉回到呼吸上，但是好像很困难，还是会愤怒，还是会暴躁，还是会害怕，还是会恐惧。怎么做才能让自己不被情绪牵着鼻子走，真正地脱离情绪困扰？

无须对自己说"我不可以生气，我不可以害怕"。正是因为练了正念，我们可以对情绪保持开放态度，跟它说"欢迎光临"，但是，我们不会强留它，也不压抑它。我们不会说你不能来，也不会说你不准走。

你觉察到了情绪，也承认自己在那个情绪当中，你可以想想看有什么新的选择。也许你发现自己面对某件事情是很难过的，之前可能根本不愿意看到它，但是现在你愿意看见它了，所以可以做出一个新选择来回应。

看看这个情绪的背后，它真正想要的东西是什么呢？它背后的信念又是什么呢？通常我们会出现一些负面的情绪，不外乎两种原因，那就是有一些需求没有被满足，或者是里面有一些根深蒂固的扭曲信念。

危机就是转机，负面情绪其实是一个礼物，我们不要认为它都是坏的。换个角度，它是一个提醒，帮助我们可以越变越好。

它可能提醒我们有些需求是没有被满足的。比如有学员说他害怕亲人的离世，这时候的提醒可以是明天早上起床的时候，要给爸妈来一个拥抱，告诉他们你很爱他们；也可以提醒自己要开始练习独立。

接下来，我们再去看看这样的情绪背后，除了有未被满足的需求，也许还有一些是扭曲的信念造成的。比如有学员提到当家人不给他买东西的时候,他就会很生气。我们可以去看一下背后的信念是什么,可能是"你不给我买东西就代表你不爱我",这是真的吗?当我们细想以后会发现,也许他们不给我们买东西,正是因为他们很爱我们。就像小孩子总喜欢吃糖,但是父母会考虑到吃糖可能会蛀牙,所以不给他买糖。当我们发现真正的事实以后,反而会生出很多的感谢。

所以当我们有负面情绪的时候,**第一是以一颗开放接纳的心,放松自己去觉察它,跟它说欢迎光临,不抗拒,但也不执着。**当它要走的时候就跟它说谢谢光临,这样就好了。**第二要相信危机就是转机,去看看这个负面情绪的背后,可以为我们带来什么样的礼物。**

观情绪

Q:在做"观情绪"的时候,经常感觉不到自己有任何情绪,这是正常的吗?

首先,这要分两种状况:

一种是"麻木(numbness)"。从小到大都习惯压抑自己情绪的人可能会产生这样的状况。小时候我们常被教导"不可以哭",大人说"哭了,我就揍你",所以,我们变得不敢哭了!如果是因为这样的状况,导致压抑自己变成一种习惯的话,那么有可能就会感受不到情绪。

另一种是"平静(calmness)"。平静也是一种情绪,试着去感觉那个平静就好了。平静带给我们的感觉,可能像一片毫无涟漪的湖面,或者像一片清朗无云的天空,平静不代表没有情绪,没有感觉。

所以我们要去分辨，自己感受不到情绪到底是因为平静还是麻木。如果是前者，那么请享受这个平静；如果是后者的话，那我们在练习"观情绪"的时候，试着把封闭的心打开，往内再去探索一下，不需要害怕感觉不好或不太舒服，就算感觉不好或不太舒服，我们仍然可以试着跟它待在一起。慢慢地，我们就会发现，它不是一个固着不变的状态。

Q：在我有情绪的时候，我感受不到情绪的颜色、样子与大小。怎样才能感受到？

不知道大家有没有带一群孩子做活动的经验？当你要他们画出自己被妈妈骂了以后的心情，孩子们拿着不同颜色的蜡笔在纸上涂鸦着你看得懂或看不懂的东西：小明的紫圆圈，小美的黄三角，小花的红色云里有黑面条。你再问他们，好开心的时候会怎么样？他们可能会很高兴地扭动身体，手舞足蹈，跳跃尖叫。你可以看见，每个孩子都能够用肢体或是图画来表达自己的情绪。

但是当我们越长越大，我们的语言发展越来越成熟，掌握的文字词汇也越来越多，我们反而好像失去了一些本能，我们被许多社会规范、应该不应该、好坏对错的评判给限制了，当我们想用肢体语言或绘画语言表达内在情绪的时候，我们会被老师、父母甚至自己告知这是不恰当的。当越来越疏于应用，我们的本能就渐渐消失了。现在我们要恢复本能，方法就是：不评判，多练习。

如果目前无法可视化表达自己的情绪感觉，没有关系。安安老师建议你可以先去觉察一下，在观情绪当中，身体的感觉是怎么样的，也许不见得是什么颜色、形状、大小，可能你觉得心口好像重重的，或者好像肚子闷闷的，这样就可以了。回到身体上面去觉察，因为情绪感觉比身体感觉来得抽象，所以先从身体开始会比较容易。恢复赤子之心需要一些时间，放下评判，持续练习。

Q：我感受到了情绪。老师说要与它和平共处，不评判它。比如说我感觉到了不安、沮丧和愤怒，我觉得很无力，虽然我是与它一起，但是我无法解决根本问题。我就像一个看客，情绪就在我旁边，我却帮不了它，它好像更失落了。我该怎么观照情绪？

在练习正念过程中，我们除了当一个看客，看着自己的念头、情绪与身体感觉，我们也可以问问它："你需要我为你做些什么？你有什么话要跟我说吗？"用心感受它给我们的讯息，它可能需要一个抱抱，它可能需要一句"我爱你"，它可能需要一句"你辛苦了"，这些都是我们可以给它的，那就照它所需要的方式给它关怀，这也是爱自己的一种表现。

有个前提是，我们首先要接纳自己的不安、沮丧和愤怒，而不是我不舒服！我不要！快走！那样，我们的头脑就偏离了当下。因此，接纳当下，我们要练习接受自己情绪的存在：你在这里，我感觉到你，我感觉到你的不安，感觉到你的不舒服，我感觉到你的沮丧和愤怒，我跟你在一起，这个感觉是被接纳的。你有什么想要跟我说的，或者是你有什么需要我为你做的，请你告诉我。给予自己爱的支持，这是非常重要的。

第七章 看见头脑里的念头

在紧张忙碌的现代社会，失眠已经成了普遍的困扰。半夜睡不着，不断想着种种烦恼，挖出过去的悔恨，召唤未来的忧郁，然后在脑中不断试验各式各样的方法消灭它们，但是又为自己没办法平抚情绪而感到更忧郁。我们拼命告诉自己的心要挣脱，但这些思绪千回百转，不仅无法摆脱且愈陷愈深。

为什么人很容易陷入这样的恶性循环？这和我们大脑的运作方式是有关的。大脑有思索事情的强大力量，让我们在采取行动去处理事情之前，可以在心里先想一遍，因此我们能计划、能想象。然而，一旦我们把对事情的想法和事实本身混淆，就会出现很大的问题，就像卡巴金博士所形容的"我们几乎只活在自己的头脑之中，完全受想法摆布"。因为想法，包含了我们对事实的诠释和判断，这些都不是事实本身。

认清事实，但不被诠释事实的想法左右，就能跳脱恶性循环。能把握这个区别，就等于掌握了正念的钥匙。

1. 念头里常见的思维误区

有一句话说：人生不如意十之八九。其实，那是因为我们头脑里面有许多负面信念，而这些负面信念把我们人生当中十之八九的事情都变得不如意。

心理学家贝克（A. T. Beck）是认知疗法的创始人，他在研究抑郁症治疗的临床实践中发现，人们常有八种认知扭曲。这八种认知扭曲，会造成我们有不良的情绪和反应。我把它们称为自动化导航系统当中的虫虫（bug）。大家可以想象一下，如果你今天在车上放了一个导航系统，导航系统里面有 bug，它可能会出现什么样的后果呢？车内的导航系统有可能会带你绕远路，有可能带你到你并不想去的地方。

而头脑当中的自动化导航系统也是一样的，如果出现了虫虫，这种现象就是头脑里的虫虫危机。这些头脑里面的虫虫，也就是这些负面的信念，它们就会限制我们的生命，带我们走上一条不好走的路，带我们到一个我们并不想去的地方。我们要能够分辨出我们的想法中哪些是虫虫，才能够化解虫虫危机。

误区一：二分法思考

"让人处于非黑即白、非敌即友的强烈对立思考状态，无法探求另一种可能性"

所谓"二分法思考"就是非黑即白，在好与坏、对与错、成与败两个极端中间没有灰色地带。

举个例子，如果有一个人高考失败，他心里很难过，他的想法就是："我连一所大学都没有申请到！我高中白念了！"这就是一种二分法思考。如果我们真实地来看一下事实是什么，就会发现事实是："虽然我高考失败了，但是我高中三年还是有学到东西，明年还有机会。"这才是事实。所以，大家可以观察自己的"心情日记"里面的"想法"与"反应"，是否有用二分法的扭曲认知在看自己。

误区二：过度类化

"让人产生以偏概全的逻辑谬误，产生'总是，一直，就是，都这样'的限制。"

"过度类化"的意思是借由几个少数的例子做广泛性全面性的推论。

举例来说,有人把他爸爸的车撞坏了,他心里想:"我一直都给别人添麻烦,我什么都做不好。"这就是一种过度类化。该例子中,真相是什么?事实是什么?"其实,我是把我爸的车撞坏了,但是我没有一直在添麻烦,人非圣贤,孰能无过。"大家可以检视一下,在你的想法与反应里面有没有过度类化的虫虫。

误区三:选择性摘要

"让人只挑自己想听的、想看的数据,无法看到其他可能。"

"选择性摘要"亦称"断章取义"。这个意思就是,你只记住不愉快、失败、缺点,然后戴上负面的有色眼镜来评估人、事、物。

举例来说,有人办了一个party,party办得还不错,大家都很满意。但是,有一道菜坏掉了,这个party的主办人不停地自责,觉得"party真的很失败,我做得很糟糕,怎么会有一道坏掉的菜在里面"。人家问他,你这个宴会怎么样?"糟透了!"他就是只看到不好的那一个点,没有看到其他点,其实整体来说大家都还是玩得很开心,这才是真相。

误区四:夸大与贬低

"不是放大错误和失败,就是贬低优点和成就,让人一直处在挫折、无助的境地。"

"夸大与贬低"的意思,就是你放大了不好的方面,或者是本来有很好的表现,你却刻意地把它贬低。

举例来说,在学员的"心情日记"里面,有人不小心做错了一件事,他记录的想法是"我这么大了还做这么幼稚的事,真是该死"。这就是夸大的思考。

我们中国人身上,时常有"贬低"的现象。中华文化以谦虚为美德,但是有时候过度的谦虚,其实并不是一件好事。

举例来说,有的孩子可能考试考得很好,爸妈就说"他也不过就是一个二流学校里面的第一,没什么了不起的"。这个孩子从小其实功课都很好,表现也很好,但是父母并不会给他鼓励,而是刻意地去贬低他的优点,所以这个孩子长大成人了还一直在"追",希望功成名就,希望受人肯定,即使追到了自己心里还是觉得不满足,因为爸妈对我还是不满意。这也是一种认知扭曲的虫虫危机。

误区五:应该与必须

"让人不由自主地陷入不合理的要求,总是无法满足自己的要求。"

"应该与必须"是我们常常看到的,我"应该"要考前三名才对!或者是我"必须"要把每件事情都处理好!我们常会把很多的必须与应该放在身上,但真的有必要这样吗?曾经有来访者说:"我一定要赚很多钱!就算健康坏掉了也没办法,我必须要努力工作。"你问他为什么,"因为我的父母需要",再问他为什么?他想一想,好像也讲不出来。他的父母经济上过得很不错,其实他根本没有必要这样,身体都累垮了还如此拼命,但是他的头脑有着根深蒂固的"必须"。这就是一种自动化导航模式。我们要懂得去分辨"应该与必须"的虫虫。

误区六:贴错标

"让人产生根深蒂固的负向认同,很难看到自己与他人的优点。"

"贴错标"的一种状况是,只因为一两件事,就直接给自己或他人下判断了。

比如说:"我找不到工作,我真是个废物",此时,就往自己身上贴了一个废物的标签。但是,找不到工作,只代表现在可能时机还未到,或者是说现在的能力还不足以符合就业市场的需求,现在要去再提高能力,这跟废物的距离还很遥远。因为一两样事,就直接给整个人贴一个标签,此时我们就贴错标了。

另一种"贴错标"的状况是,用很多情绪性的字眼去解读或描述一个事件。

比如一位职业妇女把小孩送到幼儿园,这时候婆婆就跟邻居说:"我媳妇超级不负责,把孩子丢给陌生人照顾。"这就是一个贴错标的状况。送孩子去幼儿园跟把孩子丢给陌生人是两回事,本来是一个很中性的事件,但婆婆贴了一个错误的标签,用很重的情绪化字眼(丢给陌生人)来描述媳妇的行为,让人感觉孩子就像是被遗弃一样。

当别人没有按照我们的期待做时,我们是否也会往对方身上贴一个标签?比如伴侣没办法满足我的需求,我就给他贴上"他不爱我"的标签,但是事实上是这样吗?去想想事实,去看看为什么对方不能满足我,也许对方表达爱的方式,跟我希望的被爱方式是不一样的。两个人其实没有好好地沟通,我就贴了这样的一个标签。所以我们要练习找出事实,化解虫虫危机。

误区七:个人化

"让人担负不该担负的责任,凡事都往自己的身上揽,直到无法负荷。"

"个人化"意指过度将责任归咎在自己身上。

举例来说,"如果不是我的缘故,可能父母就不会吵架。如果他们不吵架,那爸爸就不会出去喝酒,然后发生车祸,一切都是我的错。"你可以看到他就是把所有的责任都往自己身上揽。在中国,很多独生子女背负着父母未完成的希望,父母可能这辈子没办法达成的,希望由孩子来达成。孩子内化了父母的期待,也同样认为"这是我的责任!如果我达不到就是我不孝",但其实这是很不健康的,是一种认知扭曲的思考。仔细想一想,父母未完成的希望并不是你的责任。当我们把一切责任都往自己身上揽的时候,就是犯了个人化的认知谬误。

误区八:随意推论

"让人错把偏见当主见,一直看不清现实。"

"随意推论"的意思是,很武断地做推论,没有合理根据就下定论。

举例来说,"有些同事不跟我讲话,我想他们一定是看不起我"。其实可能同事在忙一些事情,所以没空跟他讲话。有学员在心情日记里写着,老板跑到身旁来看工作,他的想法是:"老板是个控制狂""在这样的老板底下工作很倒霉""我也想要离职,但是一定找不到更好的工作,只能待在这个公司里""我真是没用"……一个个想法不断地跑出来。这个状况不只是随意推论,还有选择性摘要、过度类化、贴错标。

我们可以看到，一个想法里不是只有一个虫虫而已，可能里面有好几个虫虫。

有些学员会来问：老师，这是我找到的虫虫，你帮我看看我是找对还是找错了？本章介绍的这八大虫虫，其实就是在研究中发现，最常引起抑郁症状的八种认知扭曲，所以你找到的虫虫，没有对与不对，只有这只虫子是否影响了你，让你落入负面的反应当中。

因此，我们要学习去拆解自己的身体感受、情绪和念头，试着看看这个念头是不是造成了一些不好的影响，我们可以练习觉察它。就如同这一周我们每天做的作业"正念观虫日记"，我们会去看看今天对应一个外在事件的时候，所产生的内在想法里面有没有这些负面信念？有没有这些认知扭曲？

2. 练习写"正念观虫日记"

这一周我们要学习化解这些虫虫危机，首先就要培养能够分辨虫虫的能力，让我们从写"正念观虫日记"开始（见表7-1）。

觉察"虫虫躲在哪里"时，我们就可以看一下你的想法跟反应里面有没有刚刚讲的八种虫虫。这八种是最大的虫虫，你内心可能还有很多小声音，这些小声音关乎"你是怎么样的？""他是怎么样的？""这个世界是怎么样的？"这些小声音像蚊子在耳朵旁边嗡嗡飞一样，不停地讲东讲西，你可以试着去检视这些小声音，里面是不是有一些让你不快乐的小虫虫。

表 7-1　正念观虫日记

日期：＿＿＿＿年＿＿＿＿月＿＿＿＿日	记录内容
1. 今天我遇到的影响心情的事件是什么	
2. 那时我的感受、想法和反应是什么	
3. 虫虫躲在哪里	
4. 正念练习后，我的新选择（回应）是什么	

在完成第三项发现虫虫后，请聆听"观声音和念头"的音频，学习如何用"后设认知（metacognition）"去看待我们脑中的这些虫虫：我们只需要去观察它的来来去去，不用进到它里面去，被它带着跑。

3. 用后设认知应对思维误区

"后设认知"是指对于自己认知历程的认识、觉察以及控制的能力。换句话说,一个人可以觉察与了解自己的认知历程,也就是我知道我了解些什么,我知道我在想些什么。当我们可以觉察了解我们的认知历程,我们就具备了控制它的能力。

19世纪法国演员哥格兰提出演员有"两个自我"。看看那些实力派演员,演什么像什么,今天演一个忧郁的角色,就可以变得很忧郁;明天演一个搞笑的角色,就可以变得很开心。但是他们仍然保有自我,他们跟角色是分离的,他们一面投入到角色当中在演戏,一面观察调整自己的表演。哥格兰说:"演员的第一自我,始终冷静地随心所欲地控制着自己的创造物第二自我,演员在竭尽全力、异常逼真地表现情感的同时,应当始终保持冷静,不为所动,不能让角色拐跑。"

人生如戏,我们是不是也常被角色拐跑,忘记了自己? 正念帮助我们区分两者之间的不同,让我们拥有重新找回自己的力量。看着虫虫来来去去,我们接纳它,感觉情绪,这些情绪是我们创造出来的。接纳我们有这些虫虫般的想法,这些都是我们创造出来的心念,然后就可以用一种后设的、平静的、与这些想法脱钩的方式观察它们,但不被它们牵制。

因此"正念观虫日记"第四项,当你能够察觉到自己创造出了一些虫虫,而你知道你不需要被它们牵着走的时候,你会对这个事件做出怎么样的新回应,你可以把你新的选择写下来。

比如有一个学员,她说她的先生没有把东西吃完,所以她觉得先生很糟糕,然后对于先生的埋怨又转向自己,觉得自己也很糟糕,因为自己就是因为太糟糕才会嫁给一个这么糟糕的人……这个学员的想法当中出现了很多她自己创造的虫虫:像先生因为没把食物吃完,所以就认为他很糟糕,这种全盘否定其实就是一种"二分法"和"选择性摘要";到最后变成老婆也是一个很糟糕的人,这是一种"过度类化"还有"自我贬低"。

当这个学员觉察到原来自己创造了这么多负面的信念,那么现在就要回归事实:事实就是先生没有把饭吃完,如此而已!没有后面的许许多多的扭曲认知。此时,我们就可以针对"先生没有把饭吃完"这件事情来做处理,可以有一个新的回应。

她原本的反应是怨天尤人怪老公差,对老公发脾气,甚至也觉得自己讨厌。但是事实只是对方没有把饭吃完的话,就可以想一想怎么样帮助对方去改善这件事情,比如太太可以减少煮食的量,而且得等先生吃完剩菜以后才煮新的食物。

若对方执意不改,我们也不用把对方的行为当成是我们的过错,本来每个人就为自己的行为负责就好,我们没有必要因为别人的错误来惩罚我们自己。

当我们越多地自我觉察,就会越深地看见那些限制我们的负面信念,我们就可以跳脱出来,成为一个更加健康快乐的人。

4. 心念是我们自己制造的幻境

我们经常会把事实（facts）和观点（opinions）混为一谈。举例来说：

"冰淇淋很好吃""冰淇淋是用牛奶做的"。

前者是一个观点，后者是一个事实。

"足球是黑白相间的""跟跳舞相比，足球是一个更好的运动"。

前者是一个事实，而后者是一个观点。

事实是真相，而观点是你个人的想象、诠释和判断。在心理咨询当中，我们常常提到一句话：**"觉察"是疗愈的第一步**。练习觉察并解码我们内在的自动化导航系统。在探索自己的过程当中，头脑会蹦出来各式各样的想法，有一些是真实的，有一些则是妄念。在练习的时候，大家可以去觉察一下，问问自己这样的想法是"事实"吗？或者只是我的"观点"？

比如说："男朋友走掉了，我什么都给了他，我不可能再谈恋爱，因为我的人生被他毁了！"

你觉得人生从此毁了是事实吗？你觉得你的人生从此就不可能再爱了，这件事是事实，还是只是你的想象？

所以，大家在练习觉察想法的时候看一看，这是事实，还是观点？你要把它变成事实吗？我们会发现我们大部分想法都不是真的，都是我们"想"出来的。被男朋友给甩了，这是事实，这个男人从此不在身边，觉得很伤心很难过，这也是事实，而其他的想法都不是事实，都是被"想"出来的。如果可以认清这些，我们就解脱了。

你可能很惊讶，我们大部分的想法原来都只是我们的想象、诠释和判断，都不是事实本身，只是想法。我们建构了一个想法，照着那样的想法去做，是我们自己把想法变成事实。如果我们可以了解这一点，我们就不会再被想法困扰，因为我们知道想法和事实是不一样的！

想法就只是心念升起的现象，如幻如梦。当你知道你的想法不过是你创造的幻境，就如同在做梦。然而大部分人在做梦的时候都是不知不觉的，总把梦境当真，一直要到我们醒来，才知道那是梦。

我们陷入了自己创造的负面信念，但我们并不知道那只是幻境，我们把它当真了。当你把它当真了，它就会成真。所以现在我们要跳脱出来，我们要能够梦中知梦，清楚地觉察到我们脑中的这些负面信念，其实是我们自己创造出来的虫虫，无须把它当真。我们可以练习**从自动化的想法里脱钩，认识自己，认清事实，活在当下，理性回应。**

5. 第五周的正念练习

♪ 观声音和念头

我们无时无刻都可以听到声音,所以声音也可以拿来作为练习正念的工具。

★ 请大家先找一个地方,让自己可以坐着或躺着,用舒服的姿势来进行"观声音和念头"的正念练习。

观声音和念头

现在请你放松身体,轻轻地闭上眼睛,做3次深呼吸,吸气……吐气……吸气……吐气……再一次吸……吐……

现在我们来练习聆听周遭所有的声音,用一颗开放的心,倾听来自四面八方的声音。

在听声音的时候,如果你出现喜欢或讨厌

某些声音的感觉，或者是你听到的声音带给你一些联想或回忆，如果有这样的现象，请你回到声音本身，试着聆听声音的本来面貌。

有高有低、有大有小、有起有伏的韵律，被覆盖的细微声音，还有声音的来来去去……用一颗好奇的心去欣赏习以为常的声音世界，就好像你生平第一次听到声音一样，每一个声音都是全新的经验，留意声音与声音之间的空隙，聆听背景的虚空。

现在，我们要让声音渐渐退居幕后，将我们的觉察力带到念头上来，让我们来观察自己的念头和情绪。

我们的心中常常存在很多的念头、想法和情绪。现在我们要练习，看着它们出现或消失，就如同天空当中飘过的云朵一样。心就像天空，念头就像云朵，有时飘来乌云，有时飘来白云，无论是乌云密布，还是晴空万里，天空永远在那里，没有改变。

你不需要去控制念头，无论升起什么念头，只要看清楚它，知道它是心中升起的现象，不需要去追着它，只要看着它自然地出现、停留与消失。

如果你发现自己迷失在想法和情绪之中，那么你要恭喜自己，因为觉醒才能看见自己掉入了思绪当中。觉察一下自己陷入了什么状况，然后重新开始，安住当下，继续观察心念的升起、停留和消失。

如果觉得自己的心十分混乱，无法继续观察自己的念头，那么就把所有的专注力放在呼吸上。呼吸是固定的锚，可以让心安住在当下，请记得无论在何时何处，只要你觉得心思纷乱，永远可以借着呼吸回到宁静祥和，回到安住在当下的状态。

安住在呼吸当中，继续观察心念的升起、停留和消失。无论升起什么念头，只要看着它自然地来来去去，起起落落，不需要去追着它。如果你发现自己又陷入了思绪，那么请你觉察一下自己当下的状态，然后离开念头，重新开始。

你的心是天空，念头是云朵，有时飘来乌云，有时飘来白云，无论是乌云密布，还是晴空万里，天空永远在那里，没有改变。

6. 第五周作业

- **每日写"正念观虫日记"(见表7-2),请先写第一项到第三项。**

表7-2 正念观虫日记

日期:_____年_____月_____日	记录内容
1. 今天我遇到的影响心情的事件是什么	
2. 那时我的感受、想法和反应是什么	
3. 虫虫躲在哪里	
4. 正念练习后,我的新选择(回应)是什么	

- **每日练习"观声音和念头",之后完成"正念观虫日记"的第四项**

观声音和念头

记录

_____
_____
_____

如果有问题,请看下面的答疑,或者直接去公众号咨询。

7. 问与答

正念观虫日记

Q：写"正念观虫日记"的时候，一不注意就把事件与身体反应、情绪混在一起记录下来了。这样可以吗？还是要有意识地把事件跟反应、情绪清楚分开记录比较好？

根据"正念觉察的历程图"可以知道，我们的念头、情绪与身体感受其实互相影响却又各自独立，不见得一定要黏在一起。分开记录即是练习拆解自动化导航模式，可以帮助我们更清楚地看见问题所在。

Q："正念观虫日记"是应该时时填写，还是有空回忆填写才更为准确有效？

如果大家可以时时填写的话，效果更强。回忆填写当然也可以，因为回忆的时候你会觉察到比较大的那些虫虫，例如印象比较深刻的，困扰你比较久的想法。

Q：在练习"正念观虫日记"时，如果"情绪"没有在当下记录，通过回忆再进行记录时，当时的"情绪"会再次浮现。请问老师，是不是不该为了记录而去回忆情绪，而是让它走掉就好？

有些人可能觉得已经过了，他们没有什么感觉，有些人仍然觉得非常地痛苦。

如果你觉得已经过了，没有什么感觉的话，那就是你的心已经让情绪走掉了。但如果你发现回忆这件事，再跟它在一起的时候，还是很痛苦，很难过，也是个好好地正视自己情绪的时机。是时候把它拿起来，看看它背后有什么样的念头，这些念头可能隐藏了虫虫在里面（比如我是个一文不值的失败者），或是可能隐藏了你忽略的需要（比如温暖的接纳和鼓励），好好地去跟它在一起，觉察它有什么话要告诉你的，然后做出适当的回应。

Q：生活中，每当有想法时，都要去怀疑，我觉得好难受；我也开始一直怀疑自己的情绪，开始变得很迟钝了。怎么办？

当我们用习惯的方式在反应事情的时候，我们一定是觉得最舒服的。然而，我们现在要培养一个新的习惯：我们要练习去觉察我们的自动化导航系统，看看背后的想法是不是事实，当练习逐渐成为习惯，那么新习惯也会成为你的直接反应。相信大家都听过"习惯成自然"这句话，习惯的建立需要不断练习，而练习过程中的确可能产生不舒服的感觉，例如你所说的怀疑和迟钝，就是因为新的思考习惯尚未"成自然"。

我们仍然可以试着接纳这种不好受的感觉，多多给予自己放松和支持。要注意的是，在这个过程中可能会出现一种情况，我称之为"一个头两个大"，一个头在练习新习惯，另外一个头在这个头上面指指点点。我们很多时候都会批判自己，我们也害怕别人批判我们，常常担心自己做得不对，这种担心会拉走我们的能量，让我们没有办法专注在当下的事上。我们把力气花在担心害怕，把力气花在批判责怪，而这些力气如果拿来专心地培养当下的新习惯，成功的概率会比上一次来得更高。

一只毛毛虫羽化成蝶的时刻，需要不停地狠狠挣扎才能够破茧而出。人生在突破的时候也一样，要经历混乱和错误。让我们试着去享受这些混乱和错误，当担心害怕或是批判责怪的时候，告诉自己，这只是一个过程，然后把能量收回来，继续专注培养当下的新习惯。请给自己一些耐心和爱心，持续、放松地练习，到习惯成自然以后，你就能够敏捷地给出自信的回应。

观声音和念头

Q：观念头练习中，有时脑中一片空白。这时需要特意想出个生活中某件事情里的念头吗？

请你放松地觉察声音以及念头。如果此时此地并没有出现什么念头的话，那么就接纳自己没有出现什么念头就好了。观念头，可以练习观一个、两个、三个念头，也可以观零个，根据你当下的状况而定，重点是要保持在"观"的状态。

Q：在练习正念的时候，反而出现了比平常更加烦乱、害怕、抑郁的感觉，怎么办？

在一个嘈杂的环境，把一根针丢到地上，你不会听见声音。但是，在一个安静的房间里，把一根针丢到地上，你可能就会听见细微的声音了。正念练习也一样。让自己专注于内在，会发现原来不曾发现的抑郁、烦乱、恐惧都浮现出来了。这并不是因为平常它们不在，而是因为外面的刺激太多了，你没有办法注意到而已。

现在你注意到了，就温柔地觉察它，耐心地给予自己支持和爱，去度过这个情绪。允许自己有这样的感觉，看看这些感觉的背后是什么。也许你会发现一些原因，有扭曲的虫虫信念造成的，也有可能是更深层的原因，比如前面问题提到的一些内在的需求没有被满足。

我们都可以把它当成是一个机会,危机就是转机,如果是出于扭曲的信念,知道后就可以不需要再被它牵着走;如果是出于尚未被满足的需求,我们可以做些事情来服务需求、爱惜自己。

Q:当有情绪的时候,会有一些过往的行为模式反复发作,该如何转变?

行为模式反复发作,那是因为它形成了一个神经回路:**某些情绪刺激出现,你就会这么反应,这就是所谓的"习惯"**。习惯要怎么改,通常采用的方法是在它即将出现时喊停,然后用新的行为取代。

但有些时候会遇到引发负面情绪的生活事件,虽然知道要用正面的想法取代负面的念头,可掉入情绪低谷时,当下转念不易,需要费尽力气才能爬出来。现在我们练习,当负面情绪出现的时候,我们可以只是看着它,心就像天空,念头就像云朵,天空允许云朵的来去,我们不用跟随它,也不用禁止它。看着念头出现又消失,我们会知道想法只是想法,是自己的心因外界刺激而出现的变化,它不是事实。

越练习正念,你越会发现,你可以处在觉知里面去看待自己的情绪。这并不代表你不会痛苦、不会难过,你仍然去体验它接纳它,允许自己痛苦,允许自己失落,但是你也允许自己在情绪中仍能选择适当的回应方式。不断地练习实践新的行动方案,你会越来越进步。

Q:有时某些情绪的自动反应可能是过去的积累,并非当下的反馈。这样是不是要回到过去去解决根源问题?问题是如何才能解决一直被深埋的情绪?

你已经有这样的自觉是非常好的,当自己发现所体验的情绪背后还有东西,你可以试着温柔地,带着慈悲、带着好奇去探索它的背后到底是什么？跟深层的情绪在一起试试看，相信会有新的发现。

有些人可能会害怕，不敢去探索，当你不知道怎么办的时候，可以试着回到生命的根基之处，回到当下的呼吸，只去感受呼吸就好。当你定锚在呼吸里面的时候，你会有力量，也会有空间去体验情绪的变化。所以在练习当中如果需要一些空间，需要一些安定的时候就回到呼吸里，觉得能量够了，再走深一点去探索。

探索情绪像是剥洋葱一样，一层一层。可能你先感觉到的是生气，再深入一些，这些愤怒的背后也许是创伤、悲哀或是恐惧。当我们感受得差不多了，可以问问它："你需要我为你做些什么？你有什么话要跟我说吗？"用心感受它给你的讯息，接纳情绪的存在。

深层情绪最需要的就是无条件的爱，它可能想要你给予一个深深的拥抱，它可能想要听你说我永远爱你。好好地问问自己，按照内在所需要的方式给予爱的支持，这就是爱自己。

Q：为什么我在正念练习的时候会出现一些幻境？

有些同学在做正念练习的时候，进入一个静定的状态，心念就会反弹，开始出现幻境。

人心本性是像猴子一样的，而且它也希望当猴子。如果有同学在练习的过程当中看见一些景象，或者是听见一些不寻常的声音，甚至闻到味道，这些都是幻境，是你的心自己创造出来的，所以就告诉它："我看见了、我闻到了、我听到了，没事儿！"不要被幻境吓到或迷住，不要又让心跑回去当猴子，淡定地回来继续做你的练习，我们的心念才会慢慢地被降伏。降服自己的心念，这个过程的确不容易，我们要有耐心，也要有信心。

第八章 与烦恼和平共处

生命里，有时会发生很多事与愿违的事情。对于它们，我们通常会有两种反应，第一种是生气愤怒，第二种是害怕担心。当我们不能接受人、事、物本来面貌的时候，我们的痛苦就产生了，因为现实与我们期待的有差距。其实，**我们人生痛苦的来源就是"事与愿违"，** 这四个字已经讲完人生一切的烦恼。

1. 接纳为改变之母

这两句话很有道理：**如果事情不能改变，我烦恼又有何用？如果事情可以改变，我又何须烦恼呢？** 我们要真的能够接受它，然后处理它。

很多时候，生气或担心会拉走我们的能量，它会让我们没有办法专注在改善眼前的事情，把能量都消耗掉，浪费在愤怒和害怕中。如果我们把这些能量收回来，专注地做眼前的事情，或者是把它拿来改善现在的情况，该有多好。因此，你要告诉自己，我允许烦恼的感觉，我可以接受它的出现。

接着，当它出现时，我们要懂得怎么样处理它。比如我们可以放慢呼吸，然后以适合的解决方法改善。**我们要具备两个心态：我接受允许它的出现；我也愿意努力解决，尝试改变。**

有同学在练习正念过程中提到,正念的接纳跟改变听起来好像是矛盾的事情,"如果我想要改变,就表示我不能接纳""如果我接受了,我怎么还有动力改变呢?"在这里告诉大家,有时候你想要改变一件事情,如果在接纳的状态下改变,效果是事半功倍的;如果在不接纳的状态下硬是去改变,效果则事倍功半。

相信很多人都看过描述叛逆少年的小说或电影。一个叛逆的孩子总是打架逃课,后来碰到一个春风化雨的老师。这个老师用的方法跟其他老师不一样,他不责骂处罚,也不训斥说你不能做什么、应该要做什么,只是给孩子温暖和陪伴。慢慢地,孩子觉得老师真的关心他,真的能够接纳他,孩子的心变柔软了,改变只有在柔软的状态下才能发生。

你要产生改变,前提就是要先让自己处在一个开放而接纳的状态,接纳自己一切的可能,你的心才能孕育改变的发生。改变和接纳可以同时并存,而改变的难易程度也取决于你是否接纳。

我之前经历过一个惊险事件。有一天我在外头办事情,到了晚上要开车回家。我看到导航上面有一条路是比较近的,虽然这条路我从来没走过,但因为时间很晚了,我就打算走走看。没想到,我竟然开进了一条山路,道路非常崎岖,完全没有任何的灯光。而且旁边就是山崖,一不小心就会掉下去。路很窄,没有办法后退,手机也没电了。我看车子的导航系统,确定这条路是能够回家的，但是我心里很害怕，我想，万一不小心就开到山崖底下去了，深更半夜没有人能救我，也没有手机可以联络。我越想越害怕，但这时候我突然发现，我的恐惧大部分都是我的想象！

我现在要做的，是让自己的心定下来。我告诉自己："好，我看见我的害怕了，我允许自己害怕。"在害怕的同时，我现在要做的是让自己专注地、稳稳地、仔细地慢慢开，才能开出这条山路。所以，我重新把注意力放在好好开车这件事上。我也不断地给自己加油打气，告诉自己快开到了，我已经前进了多少米，一定可以开到。所以，我不是不害怕，但是我接受它，我可以害怕，但我也鼓励自己、支持自己去解决问题，给自己加油打气。

2. 放下好恶之心

通过正念的练习,我们会对这个世界上的事情保持开放且宽容的心态。有个来访者说,他在找工作的时候,不想坐办公室,因为觉得这种机械式的流程很无聊;不想去外面跑业务,因为觉得顶着太阳很辛苦;也不想做烧脑的运营管理,因为工作压力很大。

你会发现,每一件事情有它的优点,一定也有它的缺点。但是人都只想要接受好的那一面,而想要避开不好的那一面。通过正念练习,我们学着去接受一件事情本来的样子。你会知道,一件事情带给你快乐,但同时也可能带给你一些考验。面对这些考验,我们可以练习接纳它,也可以练习改善它。这样的话,你的心就会越来越开放和宽容,也就是说,你会喜欢很多事情,因为你除了可以找到享受的点,也有能力包容和改善那些令你不悦的部分。

不评判自己的评判

正念的态度是不评判，但有些学员陷入了"评判自己的评判"。一发现自己有评判，就开始担心："啊，做错了，我评判了！怎么办？"然后说："好难受啊！我怕我出现问题，我怕我做错了，不够正念！"这样的状态并不是正念课程所教导的。

自己生起了很多情绪和想法，没有关系，去体验它。同时你也可以做一个清楚明白的觉察者，觉察你想法里面的虫虫，觉察它们是如何让你产生恐惧害怕和不舒服的感觉。当你发现自己做出了判断的时候，这些判断可能有虫虫在里面，可能有一些扭曲的认知，你只需要看着它，不用告诉它"这是错的"，你只管看着它来，看着它走，也不用去批评你的判断。

我愿意接纳这样的评判，包容这样的评判，就算可能有虫虫在里面，也只是说，"噢，这是一个虫虫的念头。"我们只要看到虫虫就好，无须觉得它好可怕，一定要把它打死！你现在要做的，就是观察自己心念的升起。可能有虫虫，可能没有虫虫；可能有正面或负面的情绪，可能有好和坏的批判。只是观察、包容和接纳它即可，不代表你要被它带走。

发现自己有评判心的时候怎么办？练习放下。**"能放下就放下，放不下就先放着"**。当你发现有评判的时候，能放下就放下："噢，我看到了这个念头，放掉它，不抓着它，不听它的。"有些人会说:"好难哟""我也不想抓着它,但是我好像就黏着它放不下"。如果现在放不下,那就先放着吧!给它一个空间,觉察你的评判,当你观察它的时候,会发现它起起伏伏、生生灭灭。

不断地练习全然地觉察,放下评判其实是自然而然的一件事。

评断时,某些人、事、物不符合我们的价值标准,心里就升起了厌恶和憎恨。讨厌一个人,不是我的问题,是对方有问题,这是第一阶段"看山是山"。讨厌一个人,不是对方的问题,是自己的问题,讨厌他人是因为想法里面有虫虫,这是第二阶段"看山不是山"。此时,我们开始看到背后的一些原因,但是我们还有一种评断的心态,觉得自己想错了,所以升起憎恨和厌恶自己的心,让自己不快乐。

现在学习正念,我们要转到第三阶段"看山又是山"。不但不再觉得自己有什么问题,也不再觉得对方有什么问题。我们愿意放下评判,所以可以不生好恶。

我有判断力,也有平等心

有句英文这样说,"You can make judgments without being judgmental."你有判断力,但可以不评判。

"判断"让我们知道一件事情有好有坏;而"不评判"是指我们不会对这个好坏生出好恶。换句话说,我们的心可以包容一切好与坏的存在，不因晴喜不因雨悲；我们有判断力，可以判断现在是晴天还是雨天，但是，我们的情绪不会跟着晴天雨天而打转。

正念虽然强调不批判、不评断，但绝对是接受事实的。 比如说你今天在学校里考试考 30 分，不及格，这是一个事实。但是，你会不会因为考差了觉得自己很糟糕，讨厌自己考这个分数，或者是觉得 30 分太可怕了？正念告诉你不需要这样。看见事实，接受事实，但不加以评判，就是所谓"不生好恶"：**我不会因为某个事实特别地喜欢它，或者是特别地讨厌它，这就是平等心，故能"荣辱不惊"；受宠受辱都不在乎，不因个人得失而动心，这就是平常心。**

晴喜雨悲是大多数人的通病，身处顺境就高兴，身处逆境就悲叹，喜怒全被外在刺激所操控。有时我们因为某人夸奖一句，就志得意满；有时因着某人贬损一句，就难过怨恨；功成名就得意非凡，退步失败则如丧考妣。仁人的心志是"不以物喜，不以己悲"，我们要看到事情的真实样貌，就算事情有好有坏，我们既不会特别讨厌坏的东西，也不会特别喜欢好的东西。用平常心和平等心去看待事实，并且愿意为这个事实负责。比如说检讨自己这次为什么考 30 分，然后重新拟定读书计划并认真执行。

当你重新拿到选择权时，就有了力量。你是自由的，不被某种情绪或想法给绑架。接受事实，观察自己，你可以自由地选择要如何回应所处的境遇。不生好恶，荣辱不惊，用平常平等的心看待生活当中的每一件事情，并且为自己的人生负责。

安安老师有一个朋友，他成长的家庭环境很好，以前他吃饭特别地挑，食物不新鲜，用料不够高档，他都吃得出来；跟他去吃饭，他会评判这个好吃、那个难吃。朋友都不喜欢跟他一起吃饭，因为跟他吃饭压力很大。但是，当他开始练习正念之后，跟他去吃饭，即便他知道这个是高档的食材，那个是普通的食材，都可以以平等心看待。他告诉我："我知道这些食材的好坏，无论等级高低，都用平等的心去看待它，享受吃的这个过程，感恩人家提供给我食物。"有判断力，知道什么是好坏，但是依旧平等对待。这就是练习正念带给我们的礼物：不论遇到什么样的食材，都能包容，都能感恩，都能享受。

有学员问，不评判会不会影响批判性思维？

其实，批判性思维旨在不让我们陷入单一的思考，可以多维角度看一件事情。这也是正念所提倡的。"你有判断力，但可以不评判"，为了不戴有色眼镜看事情，要更自由、多角度看待事情。看事情的时候，我们要去看有这种可能性，也有那种可能性，都用一种包容接纳、好奇开放的态度去看。你会发现原来在这个世界上，不只是有这种和那种可能性，还有第三、四、五种可能性，看问题的角度越来越多，越来越全面，就达到了批判性思考真正的目的。

一段话说得非常好："和谐不是一百个人发出同一种声音，而是一百个人发出一百种不同的声音，而他们同时尊重彼此。"当你放下评判的眼光看待这个世界的时候，你会发现原来这个世界如此丰富。海纳百川，有容乃大。你会得到更多的力量，你将会像大地一般宽广。

当我们放下评判，将其转化为无条件的爱时，你会发现自己的能量就变得很不一样。

以前当你戴着有色眼镜和批判的眼镜去看待世界的时候，你会遭到很多攻击。比如说你没有故意去惹别人，别人却做出了让你很不舒服、很不喜欢的事情；但是当我们扭转心态，戴着爱的眼镜，无条件地爱自己，接纳自己，并且用同样的眼光带着慈悲温柔去看待外界时，你会发现那些攻击会在你爱的气场里融化，像是武侠片里那些拿刀的人冲到你的面前，突然就把刀放下来，活得更加地平和与自在。

3. 与烦恼和平共处

上一周,我们检视让我们产生负面情绪的想法念头,观察有没有虫虫在里面,我们练习在幻象中拨云见雾,看见事实,不被头脑的推测解读给误导。当我们察觉到扭曲的想法,拨开妄念看见真相的时候,有时候事实本身还是让我们很难受。比如说像亲人离世,这个事实就是亲人真的走了,真正要面对的事实还是会让我们痛苦,让我们却步,特别是那些我们无法改变的事。

我们也需要练习跟事实待在一起。因为有些事实的确会让我们烦恼,特别是那些我们无法改变的事情。我们这一周要练习"与烦恼和平共处",当我们看到烦恼的时候,我们试试跟它在一起,看看会怎么样,这也是一种探索。

当情绪事件太大了,以至于我们根本理不清背后的念头是什么时,我们也可以先做"与烦恼和平共处"的练习。当情绪刺激太大,来得太猛太急,我们一般的反应就是去抗拒,因为太难过,太不舒服。在抗拒里面,我们看不清楚事情,要去拆解念头、情绪跟身体感觉是有困难的。这时,我们可以先做"与烦恼和平共处"的练习,让自己比较平静了,能够跟这样的情绪待在一起。能够接纳自己的情绪以后再做"观声音和念头"来拆解,这两个音频可以交互练习。

跟大家分享一首诗。这是13世纪的波斯诗人鲁米(Jelaluddin Rumi)所写的《客栈》。

人就像一所客栈,
每个早晨都有新的客旅光临。
"欢愉""沮丧""卑鄙",
这些不速之客,
随时都有可能会登门。
欢迎并且礼遇他们!
即使他们是一群惹人厌的家伙,
即使他们
横扫你的客栈,
搬光你的家具,
仍然,仍然要善待他们。
因为他们每一个
都有可能为你除旧布新,

带进新的欢乐。

不管来者是"恶毒""羞惭"还是"怨怼",

你都当站在门口,笑脸相迎,

邀他们入内。

对任何来客都要心存感念,

因为他们每一个,

都是另一世界派来指引你的向导。

当委屈、愤怒、害怕时,我们觉得它会带给我们混乱和不舒服,于是想切断这种情绪和感受,但越不想连接它,它越会缠着我们,反倒是当我们愿意去连接它,愿意回到它里面,跟它在一起时,我们会发现自己好像进入了一个暴风圈,外面狂风暴雨,你被吹得七荤八素,但再往里走,到了中央的暴风眼时,你就处在一个万里无云的晴空地带。因此一开始连接时,会出现"不喜欢,不想要"的情况很正常,请告诉自己,"这是OK 的,我可以试试看",慢慢地,你会发现情况就改变了。

4. 让自己开阔，让自己成为天空

在连接的过程中，我们要学习在心理上创造一个更大的空间。家庭治疗大师萨提亚，当她发现来访者处于挣扎或者关闭自己的状态时，会问来访者两个问题。首先她会问："你现在有什么感觉？"来访者可能会说，我觉得很痛苦，很难受，很生气，很害怕，等等。接着，她会问第二个问题："当你有这种感觉的时候，你是怎么看待它的？"现在你也可以问问自己"当你感觉愤怒时，你是怎么看待它的？当你感觉害怕的时候，你是怎么看待它的？"重点不在于你在经历什么情绪，而在于你在经历那个情绪时，你和这样的感觉是什么样的关系？

当你愿意让情绪进来，放松再放松，就是在尝试让自己成为一片天空。要松开自己，而不是绷紧自己，一绷紧就会从天空变成飞机，陷到乌云里去，什么都看不见了。因此要学会让身体松开、心理松开，变成一片广阔的天空，允许云来云往，这样乌云就有空间可以飘走。

看到烦恼的一开始虽然不好受，但是当你愿意接受它、与它共处时，你会看见乌云的空隙，让自己能够穿越它。穿越以后，你会发现乌云背后幸福的光线，闪耀着万丈光芒。原来这是一份礼物，原本的痛苦会变成祝福，让你的生命越磨越亮。

在台湾，有一位勇敢的母亲名叫郭盈兰。为了做母亲，她人工受孕6次，好不容易得来的小孩，相处竟短短不到10年，孩子就因为癌症病逝。郭盈兰说，孩子的爸爸很勇敢，坚持要完成孩子的心愿：成立基金会。因此两人以孩子的名字命名，成立了"周大观文教基金会"，帮助患有癌症、罕见疾病、身心障碍的儿童，宣扬孩子生前热爱生命的态度。外界的支持、助人的快乐，无形中治疗了这对夫妻的伤痛，也让他们将小爱升华成大爱。

他们失去孩子的事实没有改变，然而，他们接受这个伤痛，也继续带着伤痛往前走，没有陷入自怨自艾当中。现在，这个基金会组织号召了超过30万人次的义工，服务了许许多多病痛中的儿童。这绝对是这对父母在成立基金会之初料想不到的事。

5. 第六周的正念练习

♪ 与烦恼和平共处

回想一下之前的正念课程，我们通常在觉察到自己的心飘走的时候，将自己的心拉回到呼吸上，不被念头所牵动。但是，在第六周的练习里面，我们要学习一个新的方法：我们让心停留在令自己感到困扰的念头或感受上，但是会感觉到轻松自在。下面我们一起来练习正念地与烦恼和平共处。

与烦恼和平共处

★ 请你找一个舒适安静的地方，可以坐着或躺着。

现在请你轻轻地闭上眼睛，做 3 次深呼吸，吸气……吐气……吸气……吐气……再一次吸……吐……

如果你现在正被某种困扰或烦恼纠缠的话,就让这个烦恼和困扰自然地浮上心头。如果你现在没有烦恼,但是也想试试这个新的方法的话,你可以回想目前生活中有什么困扰,不要找严重的大事,也不要找你现在不愿碰触的心结;可以是一场误会或是争吵,一个让你生气的情况,或者是一些小问题,或是过去的不愉快经验也行……就让它自然地浮上心头。

接着,把注意力转向你的身体,观察这个令你困扰的念头或情绪,它在身体上造成了什么样的感觉。

如果你能发现困扰的念头产生在身体的某个部位,就把你的焦点觉察放在那个部位。它在哪里?有什么感受?哪些部位感觉最强烈?

把注意力带到对于烦恼感觉最强烈的身体部位。现在,我们试着用呼吸来与它和平共处,吸气的时候你可以观想,你的气息流到这个部位,呼气的时候可以观想,这个部位也跟随着呼气。通过呼吸探索这个部位的感觉,不是要去改变什么感受,而只是去探索和观察烦恼在身体上的感觉。

继续呼吸,吸气的时候,把气息带到这个部位,呼气的时候把这里的气息呼出去,透过呼吸探索这个部位,用宽广仁慈的心观察着烦恼在身体中的感觉。

不用试着改变着烦恼的感觉,而是友善好奇地探索它。看着这感觉在身体上的变化,默默地告诉自己,有这些感觉是 OK 的,无论是什么感觉,我都可以敞开心胸面对它。你不需要喜欢这烦恼的身体感觉。你不想要这种感觉，也是很正常自然的现象。

告诉自己，我接受自己不喜欢这种感觉，不过，我将敞开心胸，看看它到底是什么样子。持续观照烦恼在身体上的感觉，和它一起呼吸。

无论感觉有没有变化，都顺其自然，如实地呈现，不喜欢它不是个问题。只要敞开心胸，看看它到底是什么样。

继续呼吸，与烦恼一起呼吸，让烦恼与困扰出现在此时此刻的生命，不执着，不抗拒。

你是你，烦恼是烦恼。你不是烦恼，烦恼也不是你。只是跟它一起呼吸，看它自然出现与消失。回到全身的呼吸，感受此时此刻清醒觉察的力量，安住在心灵的清静宽广当中。

◎ 正念体操

视频中的正念体操，撷取于葛吉夫律动（gurdjieff movement）当中的部分动作。葛吉夫律动又称为神圣舞蹈，葛吉夫汇集和编排亚洲的古老寺庙之舞，作为"观察自己"和"研究自己"的修行。通过拆解惯性的动作方式，让心回归身体，不胡思乱想，不强力控制，而是提升参与者更高一层的意识与觉察，舞蹈本身即为身心合一的正念。

正念体操

观看示范的视频,你可能会对于示范者面无表情的动作感到不解,那是因为参与者必须全神贯注在行动中,整合大脑、身体与情绪。我们在当中不断练习觉察自己的动作和想法,开始更加了解自己内在运作的过程。

这个舞蹈像是一面镜子,当动作错了的时候,你是皱眉,是不好意思地发笑掩饰,是啧一声责怪自己……练习观照自己的一切反应,练习觉察自己内在的能量。所有的掩饰和表情,都是无谓的能量浪费。

在每一个动作的当下,你需要把所有外散能量收摄,归于中心,目光焦点不向外发散,自然就会面无表情。

大家可以记住视频的动作套路,不看视频自己重复做。这个正念体操可以连着做 10 分钟,想要做更长时间也可以。

在跳的时候,如果大脑一直想要控制身体,你是无法协调动作的,你只有放空放松才能够把这个操做下去。放下用大脑控制身体的习性,进入带着觉知却不控制的状态。虽然不控制,但也不能全程放空。

你的意识只要一飘走,动作就会乱,或是你发现自己动作都对了,一得意,就会立刻手忙脚乱。你要同时保持专注和觉察,在某一些拍点上检查和修正自己的动作。

比如示范中的第一个动作，左手跟右手在第一拍时往同一个方向开始动作，因为右手两拍一循环，左手三拍一循环，三跟二的最小公倍数就是六。所以在经历了第二三四五拍不同方向的左右手动作后，左手和右手最终会在第六拍时往同一方向结束动作。你的大脑在第一拍时去检查左右手是否往同一方向开始动作，接下来第二三四五拍就要放空，如果这时你仍想用大脑去控制两边的话，你会发现左右手无法协调，必须等到第六拍时，大脑再来检查左右手是否往同一方向结束动作。

这是一段放空放松和专注觉察交互替换的过程，大家每天可以跳十分钟的正念体操，对于我们练习放松和觉察并存的状态会很有帮助。

6. 第六周作业

- 每日练习"与烦恼和平共处"音频
- 继续练习写"正念观虫日记"与聆听"观声音和念头"音频

    以上两个作业也可以交互练习,一天练习"与烦恼和平共处",一天练习写"正念观虫日记"与聆听"观声音和念头"。

- 每日练习十分钟的"正念体操"

与烦恼和平共处　　观声音和念头　　正念体操

记录

如果有问题,请看下面的答疑,或者直接去公众号咨询。

7. 问与答

与烦恼和平共处

Q：在练习"与烦恼和平共处"的音频时，为什么大家会有各式各样不同的感觉：

"在观烦恼的时候很舒服，这样是正常的吗？"

"在观烦恼的时候，我好烦躁，怎么办？"

"在每次观烦恼的时候，好想哭，我该怎么办？"

"观烦恼后，觉得整个人好像都变得麻木了，遇到很多烦恼都没感觉，我该怎么办？"

"我本来没有很烦恼的，但在观烦恼的时候，会有一堆烦恼，我觉得我的烦恼有爆炸式地增长，怎么办？"

大家在练习"与烦恼和平共处"时，每个人的感觉都不一样，各式各样，其实这些都是一个练习的过程。这些练习的过程是会变化的！我们能做的就是去觉察它变化的本质。

有些人感觉舒服，有些人感觉不舒服，我们都可以觉察它。也许你会发现，昨天是舒服的，今天是不舒服的，或者是昨天还觉得我的烦恼爆炸式地增长，今天就变得没感觉。你会发现它一直在变化，而我们能做的就是当一个觉察者和一个支持者：敞开心胸去觉察烦恼的变化，给予自己的支持和放松。

Q：当我们正在经历情绪事件时，是不是意识到就应该马上转入"与坏情绪相处"的正念状态？当遇到不公平、不合理的事情，脑中会有许多辩论声、抱怨声，情绪很强，感觉被情绪控制难以平静看待，该怎么办？这时，我们应该停止脑中批判事情的声音吗？

第一个问题，当我们经历情绪事件时，是不是意识到就应该马上转入"与坏情绪相处"的正念状态？当然，这是一个非常理想的状态，也是需要不断练习才能达到的状态。我们愿意敞开心胸去努力试试看，但是我们不要把这个当成是一种压力，或者是一个一定要达成的目标。前面提过，如果把正念当成是必须、一定要达到的目标去追求，反而很难坚持下去。

正念的态度是不刻意强求什么东西，我们愿意活好每一个当下。 你不用强逼自己每一次一遇到情绪，就一定要变成正念的状态。我们可以慢慢地循序渐进去练习，习惯成自然。

第二个问题，当我们遇到不合理的事情，脑子里就开始出现很多辩论、抱怨的声音，情绪很强，很难平静看待，怎么办？如果你发现脑子里有好多辩论的声音，好多抱怨的声音，你不用跟它说停！停！停！只要告诉它，我看见你了，我知道你现在很生气。然后，你会发现这些声音好像现在很大，过一会又小了，过一会又来了，过一会又走了……它是一直在变化的，我们就是觉察它的变化。

练习一方面体验情绪，一方面觉察情绪，平静地去觉察愤怒的状态。以正念方式觉察你的判断,然后试着暂时放下那个判断,先去看看事情到底是什么样子的。也许你会发现,对方做这些事情背后另有原因,或者这些事情只是对方整体计划里面的一部分而已,只有看得更深更全,你才知道如何更适合地去回应这件事情。

Q:想解决之道来做出回应,这是不是变相拒绝接受当下的情绪?

人天然的本性是,当我们碰到问题,看到情绪的时候抗拒它,如:我不要在这里,我要赶快从这个问题里面跳出来,我要赶快去找解决方法,但是如果我们想要找到真正的解决之道,我们反而是要去接受当下的问题与当下的情绪。

接受当下而找到的解决之道和不能接受当下而想到的办法,两者绝对是不一样的。安安老师的爸爸,年轻的时候去溪里游泳,溪里面有一个漩涡,爸爸不小心就掉进去了,他说他越挣扎,这个漩涡就把他往下拽得越深,无论他怎么努力,好像脚就一直被往下拽。这时候他想起来父亲说过,遇到漩涡的时候要冷静,顺着漩涡的离心力,奋力一游就能脱身。爸爸那时候就照做,他说他放松自己,保持冷静,顺着这个漩涡,不再挣扎,顺势而为,顺着这个水流的方向,借助这个水流的力道,从这个漩涡切边游出去,他就顺利地脱离了险境。

当不能接受当下的情况,我们会想许多办法,力争赶快脱离。这些办法都是我们用头脑想出来的,但是通常不太能真正解决事情,我们仍然会觉得困扰。可能大家练习到一个阶段,会知道我要接受它,即使很痛苦还是进去,"我忍个10秒,我想到解决方法了,我可以出来了吧!"

真正的接纳是与它和平共处,而不是一直想着怎么样可以摆脱它,这不是"接纳",而是"忍耐"。

我们要如实地去觉察它,尝试跟它在一起。一开始,可能在一起10秒,就觉得受不了了,退出来了,没有关系。我们可以给自己多一点的包容和耐心,回到呼吸里面的安定宁静,安住在呼吸里去觉察它,跟它在一起久一点,再久一点,慢慢地会发现好像也还OK,你是有空间可以跟它待在一起的。这是一个过程,当你能够真正地去接纳它的时候,解决之道不用想就会显现的。

当我们能够全然跟它在一起的时候,解决之道会自然地显现。不是硬用脑子去"想"出来的,而是自然而然就在那里的,只是因为我们急着往外看,想要跳出去,所以没看见解决之道。在正念练习里有许多顿悟的例子,当你全然去接受,上天就为你打开一道门,那个想法不是自己苦思出来的,但绝对是最棒的解决之道,比你自己硬想来的有效得多。所以我们一天一天、一点一点地练习接纳,最棒的解决之道就会显现。请你信任自己,也信任生命。

Q:虽然我能理解接纳,但是做到好难,就好比昨天医生告诉我病情加重,需要增加药量,我真的好难过!还有接纳一个你不喜欢的人好难,怎么办?

的确,接纳不是一件容易的事情。

你可能现在还不能接纳病情,那么就请你接纳自己可以难过,接纳自己可以伤心,你愿意和你的伤心与难过待在一起,但是,同时你也愿意给予自己更多的爱和支持,你也可以邀请你的朋友家人一起关爱你、支持你。当你内部有更多的能量的时候,就比较容易接纳外面发生的事情。

很难接纳自己不喜欢的人,那是因为我们大多数时候都没有办法接纳自己。每个人都有内在的黑暗面,它就像影子一样跟着我们,分析心理学称之为阴影(shadow)。

通常我们特别讨厌一个人,不外乎有三种状况。第一种状况,就是这个人身上的特质我们也有,但是我们不喜欢。第二种状况,是这个人身上的特质是我们想要拥有,但却是我们所缺少的。第三种情况,是这个人恰好和我们童年经历当中让我们感觉受伤的人(通常是我们的照顾者,就是我们的父母)有着类似的特质。

当我们发现原来讨厌别人,是内在阴影的投射,就会把焦点由外转向内,对于自己有更多的觉察,给予自己更多的包容和接纳,慢慢地,就会发现阴影不再作怪。

Q:我以前是一个对自己很多方面都不满意的人,充满了恐惧焦虑。想减肥,想学英语,想做很多事情,好摆脱现状。可是自从学习接纳现状以后,我感觉自己没之前那么焦虑了。比如说不再刻意减肥,而是让自己自信,告诉自己现在就挺好的,也不再克制食欲,做事情功利心变弱了很多。但随之而来的是,我发现自己好像没什么目标了,想学习、想改变的那股劲淡了好多。不知道为什么接纳现状以后感觉自己变慢了很多,我会不会就这样一直安于现状了呢?

人通常被两种趋力一推一拉,一是恐惧,一是欲望。还有一种力量凌驾其上,利己利他,那就是爱。

内在成长是阶段性的,你现在可以不被恐惧和欲望追赶,你可以安住在当下的状态当中,其实是非常棒的。允许自己休息一阵子,允许自己安于现状,继续练习正念,你会发现你又想要做一些事情了,但是这些事情并不是出于原始的欲望或者恐惧,而是出于那更高更大的力量——爱,也就是慈悲心。

你可能因为想要更多地爱惜自己的身体,所以吃得健康,也去运动,自然变瘦了。当你越来越成长的时候,你会看见,你还可以再多爱一些,包含对自己、对别人、对众生万物,动力会比原本来得更久远更深厚,你将会成就更大更美的事。

你会知道因为爱,你要去做些什么,你会看到你人生的使命,那叫作 calling,意为天职。这个英文单词特别有意思,仿佛是老天打电话给你,告诉你要完成什么。在看到自己的 calling 以前,就像面前有一张崭新洁白的纸,在这张白纸上要画出什么样的人生,可能你现在还不清楚,还在探索,还在等待,这都没有关系。再怎么厉害的画家,都是一笔一笔把画给完成的,一笔一笔就是生活当中的小事。享受当下的每一刻,体验当下的每一刻,专心地把当下的每一件小事做好,你会发现它如此地奇妙。

一花一世界,一沙一天堂。我们的眼睛总是想着外头的大事,但常常忘了眼前的小事,而其实这些小事当中却往往蕴含着最深的智慧,最大的奇迹。

所以如果你不知道要追求什么,那么就请你先把眼前的每一件小事做好,生命的道路就会自然而然在你面前展开,你会知道自己要往哪里去,你的 calling 被发现的瞬间,其实就在于你认真对待和体验生命的那个当下。

Q：我知道了自己的情绪，并且知道有这个情绪的原因，但是这个事情我不知道怎么解决，所以我的情绪一直都在，即使是当时忘记了，其实还是在的，那我该怎么对待它呢？

有一些目前还没有办法解决的事情，可能一开始你跟它在一起的时候，你会觉得很难受，你的情绪还是会出现波动，但是现在我们可以尝试用呼吸先放松自己紧绷的心，放松自己紧绷的身体，你可以告诉自己，我是 OK 的，试试看让自己慢慢地放松下来。你会发现你好像变柔软了，也变开阔了，你的世界能够容纳这个不能解决的事情存在，你也不再感到那么样地不舒服。逐渐地，你就可以练习怎么样跟自己的烦恼和平共处，用一颗接纳包容的心和它在一起。

生命有时候是很奇妙的，有时候我们急着要解决一件事情，我们会有情绪，会焦虑，会愤怒，会害怕，我们也很讨厌这种感觉，总想要从里面赶快跳出来，但是当我们真的允许这件事情在我们的生命当中发生，允许我们有情绪，并且放松自己、包容这件事情，也包容自己的情绪的时候，你会发现这个情绪好像就没那么在作怪了。然后，当你的情绪可以慢慢地平静，你才发现原本无路可走、找不到解决办法的事情，突然间就拨云见日了。云雾散了，你会看见那条路原来就在那里，当你急着要去找的时候，你反而找不到。

用一颗放松、包容、接纳的心去对待你那些还在的情绪，去对待那些你觉得没有办法解决的事情，慢慢地也许你发现事情改变了，这些改变不单是你人为努力就能成事的，还得依循上天摆在你面前的自然之道。**活在接纳中，你的路就开了。**

第九章 正念处理人际关系

我常收到许多听众朋友的来信，询问如何改善人际关系。人际关系的范畴包括：朋友、情侣、夫妻、父母、同事，等等。本周，我将和大家一起，全然地观照自己、接纳自己，给予他人祝福，认识人际沟通中常见的"惯性反应"。通过练习写"正念沟通日记"，改变旧有的人际关系模式，理解自己与他人行为背后真正的意图与需要。

1. 做自己最好的朋友

人是社会性的动物，我们需要有人陪伴、有人了解、有人支持，但其实跟我们最亲密的不是别人，而是自己。除了家人和朋友，安安老师也想问问你，你是自己的陪伴者、了解者、支持者吗？当遇到困难的时候，你如何安慰自己？你会以什么样的方式爱自己？

与自己同在

我们是自己最好的朋友，只是大多数人都忽略了这点。在正念课程里，我们学习认识自己，觉察自己的情绪，好好地跟自己在一起，并且给予自己关怀和爱。

左图　　　　　　　　右图

图9-1　运功疗伤图

大家看图9-1，也许会有一种似曾相识的感觉！如果我们喜欢看武侠片，一定很熟悉这种场景：一个人受伤了，另一人帮他运功疗伤。运功的人一面感受体会对方的状态，一面按照对方的需要给予支持。

在正念觉察的过程当中，我们同时会扮演两个角色：一个是体验者，一个是观察者，图中前方的人代表体验者，后方的人代表观察者。看看这两张图，观察一下图中人物的表情，有没有发现什么不一样？

人常常会落入一种情境，像左边的图一样，我们不想要感受负面的情绪，我们总是想要逃开或是抵抗它。就像左图前方的人，他在看别的地方，根本没有进入那个疗伤的状态。而左图后方的人，眉头深锁表情凝重，不但未能平静地给予觉察和支持，反倒卷进了负面的情绪中。左图代表的状态，就像我们遇到痛苦之时，一方面不愿体验痛苦，一方面又觉得无力摆脱。

相较于此，右图则代表了练习正念以后逐渐可以达到的自我状态。右图前方的人完全地进入疗伤的情境，即使都吐血了，他仍然愿意深入体验当下那种不舒服的感觉，并不抵挡或是逃走。就像是当你练习正念以后，即使遇到一些不舒服的事情，你仍然愿意面对它、体验它、接纳它。

与此同时，你仍然可以保有一颗平静的心，给这个受伤的自己全然的关注和爱，让自己有能量去转化和改变。就像右图后方的人一样，平静又专注地，觉察和支持着前者。右图代表的状态，就是一种正念的觉察，一方面深刻地去体验当下的感觉和情绪，另一方面成为自己的观察者和支持者，在正念的状态里面平和温柔地去觉察自己，给予自己关心和爱。

希望我们每一个学员都可以达到像右图所示的境界一样，愿意真实地进入我们的感觉，和我们的感觉待在一起，愿意觉察自我当下的状态，给予自己支持、爱和鼓励。**在正念的觉察里，温柔平静地观察自我的变化，与自己同在，并且用慈悲的心支持自己。**

无条件接纳自己本来的样子

人的意识有一些不同的层次，现在你正在看安安老师的书，看书的这个意识是表意识，那么再往下有所谓的潜意识，又称无意识。人的很多行为都会受潜意识影响，如果我们不深入去探究，其实是无法察觉的，就像我们在课程当中提到的虫虫，如果我们没有仔细去分辨，我们是不知道的。在潜意识里面这些虫虫影响我们的思维模式，以至于我们在表意识上，日常生活中，我们都没觉察出有问题。直到我们知道了原来潜意识里面有些虫虫，知道以后就有了选择，可以选择不再被它牵着走。

进入到最深的层次，即是所谓的纯粹意识，它是一种灵性的存在。你和天地宇宙万物都是一体的，天人合一。这个纯粹意识就是最原始的状态，我们在最原始的时候就是天人合一的状态。纯粹的意识其实是真正的"初心"，当我们和初心分离的时候，心就会产生很多分裂的信念，这种信念存在的地方很深很深，以至于看不出来原因是什么，除非我们有所醒觉，意识到原来我们已经跟初心分离了，这种分离通常是显示在一些信念上面，这些信念就是一种有条件的爱。举个例子，除非我做到什么什么事情，不然就没有人会爱我，不然我就不重要，不然我就是个不值得或没有资格被爱的人！

一个刚出生的婴儿，想哭就哭，想笑就笑，不会在乎如果哭的话妈妈会不高兴，如果笑的话奶奶会很开心。婴儿不会管这些，他们的安全感也是最大的，张嘴就有奶喝。而不是因为我没有做到什么事情，所以我没有资格喝到奶。婴儿的脑子里绝对不会有这种想法，所以他是纯粹的，他保有初心，活在无条件的爱当中。我们一天天长大，进入大人的世界，觉得要努力，要做些什么，我们才能够得到爱。我们发现无条件的被爱与无条件的爱人实在是太困难了，因为这个世界就不是这样运作的。

但是，我们现在要学习的正念，比这个世界的规则来得更大更高更广。以前在没有学习正念的时候，你为了要保护自己，使用分裂的信念让自己可以活下去，就像自动化导航模式做出反应一样。但是当你学习正念以后，和以前不同了，虽然在分裂的世界生活，但是心是天人合一的。

在分裂的世界里，没有人是完美的，但是在合一的心灵里，每个人都是完美的。你知道你本来就值得被爱，你本来就是有资格的，你本来就是有价值的，不因为你做了什么，而是因为你本来就是，我们也愿意用这样的心态去看待我们身旁的人、事、物。虽然我们处在一个有条件的世界里面，虽然每天的工作还是要达到公司的 KPI，但是我们的心无条件地接纳自己本来的样子。在人生这场戏中把自己当成演员，演员有两个自我，一是剧本上的角色，一是真正的自己。你要懂得如何把角色扮演好，也知道自己是谁，不会被角色拐跑。

在处理人际关系的成长阶段，刚开始是看山是山。我们动机单纯，给予信任，就像孩子般保有初心，无条件地接纳与爱他人。然后我们长大了，遇到明争暗斗，可能经历过痛苦的时光，所以开始懂得保护自己。我们看山不是山，学会看人不能只看表面，要看背后的意图，我们开始有条件地去接纳与爱别人。

但是学习正念以后，我们的心灵逐渐成熟，我们会进入另外一个境界，那就是看山又是山。我们能够坚强勇敢地保护自己，温柔慈悲地对待他人。我们可以像刚开始一样，以无条件的爱对己待人，但是我们不再懵懂无知，而是拥有智慧之心。我们带着一份明白，带着一份了解，仁爱的胸怀变得更广更大。你知道自己活在一个分裂的世界，但是你仍然愿意带着合一的信念生活。人家攻击你，我们不见得要反击，我们可以四两拨千斤，巧用智慧心来回应，让你好我也好，就像是后面教的正念沟通方式一样，这是一种学习，也是一种成长。

2. 以慈悲心觉察自己

慈悲心包含"慈心"与"悲心"。"悲心"是指"同体大悲",意思就是看到对方难过,我也可以感觉到,同理共情对方的感受。"悲"会生出"慈","慈心"是一种祝福,是一种关怀,是一种支持,我希望我祝福的对象可以过得很好,这个对象不仅是他人,也包含了自己。

对于朋友,我们通常很自然地就会给予支持和鼓励,比如朋友说:"我今天穿这件看起来很胖。"我们会说:"哪有,我觉得很可爱。"或者朋友说:"我考不好觉得自己笨。"我们会说:"但你运动好,我很羡慕你。"

但是,我们通常对自己就不是这样。我们对自己有很多的批判,觉得自己很胖,觉得自己长得不好看,觉得自己失败了很糟糕。我们会给自己贴标签,夸大自己的错误,贬低自己的优点。

如果我们可以把对朋友的慈悲心也拿来对待我们自己，我们会活得更快乐更有力量。

"慈悲心的练习"就是帮助我们能够去接纳自己，并且把这种接纳与爱扩展到其他人的身上去。

给予自己爱是一个想法，也是一个行动。如果你觉得慈悲心的练习一开始难以做到，那么安安老师也附上了"拥抱内在小孩"的音频，你可以去探望你的内在小孩，好好地去跟你的内在小孩在一起，他需要爱，需要有人抱抱，你要帮助他放下受伤情绪和自我批评。

学习让自己付出无条件的爱。这份爱不只是对待我们所爱的人，更重要的是对待我们自己。**当我们放下所有的批判，无条件地爱自己，让自己化成那个无条件的爱时，你会发现你的能量就变得很不一样。**

一个幸福的人，他的信念就是爱，他向外界敞开心扉，相信一切的发生都有意义。一个不幸福的人，他的信念是恐惧，当他受挫时他会逃跑抗拒。我们都有所选择，我们的内在会有很多声音，重要的是你要倾听你的真心——当我们倾听自己，也许会误以为所有声音都是内在的真心话，事实上，我们要学习觉察哪些声音来自于恐惧、攻击或分裂的自我认同。它们或是张牙舞爪，或是可怜委屈，这些声音虚幻不实，是一个迷障，也是一个考验。请你处在无条件地爱自己的状态下，穿越它们，进到最里面去，在无条件的爱里，倾听你真心的声音。

3. 以慈悲心对待他人

在此分享爱因斯坦的一段话:

"人是'宇宙'整体的一部分,也是有限的时间和空间的一部分。他将自己的思想和感情,视为独立于整体之外——这是一种意识的错觉。这错觉是种监狱,把我们监禁在个人欲望和少数最亲近的人身上。我们的任务就是要拓展慈悲心,拥抱所有的生灵和整体自然的美,以挣脱这座监狱。"

在"慈悲心的练习"当中,我们给予慈悲祝福的对象不只是我们自己、我们身旁的人,还扩展到众生,甚至是地球、月亮、太阳、星星,你都可以给予慈悲的祝福,因为你要知道我们全部都是一体的,是宇宙整体的一部分。如果我们只关注我们自己或是亲近的人时,觉得其他人跟我们无关,这是一种错觉。**每个生命都环环相扣,**

因此当我们给予慈悲心祝福的时候，是给予自己跟所有人、所有生灵的。

我们心里面如果有讨厌的人，在"慈悲心的练习"中也要尝试给予他们祝福，一开始的确不是很容易，你可以先找有一点点让你不舒服的人做练习，慢慢地，你就可以对你原本很讨厌的那个人，给予慈悲心的祝福。

当你发现你做不到的时候，你就如实地去觉察你做不到，但是不要紧紧抓住"做不到"。你要去觉察自己：我知道我现在有个状况，我发现我对讨厌的人给予祝福的时候，我是做不到的，慢慢来没关系。我们就是要去觉察做不到的感觉，然后记得给有这样感觉的自己慈悲心的祝福，给予自己爱。

你还可以再往下探索，那个做不到的背后是什么？那个做不到的背后除了讨厌以外，是不是还有恐惧，还有受伤的感觉？你可能发现讨厌的背后还有好多的情绪，你要去觉察它，并且给予那样的情绪支持和慈悲。

4. 五种常见的人际沟通惯性反应

惯性反应一：逃避

当对方释放的讯息让我们感到有威胁性，比如抱怨或是生气，我们的反应通常是：赶快躲开，走为上策！这就是"逃避"。我不想跟你正面冲突，跟你沟通可能会被攻击，所以我就直接拒绝跟你沟通。

惯性反应二：投降

我们在受害者心态的人身上常会看到"投降"的反应："反正都是你对""我很可怜，对方很坏，总欺负我，我只能默默忍受""就算内心觉得对方无理取闹，我也不会讲"。对于对方的要求一味地忍耐屈服。

惯性反应三：抵抗

"抵抗"通常是你讲我一句，我就跳起来自

我辩护:"才不是这样的,你乱说""没有的事,是你胡思乱想"。你会防守对方的攻击,捍卫自己的权益。

惯性反应四:反击

"反击"就是你说我不好,你更糟糕,你给我一拳,我回你一掌:"你要跟我翻旧账,要翻大家一起来翻,你更差劲"。双方对话已经变成互相攻击了。

惯性反应五:攻击

"攻击"指的是我们带着愤怒在沟通,说出来的是充满控诉和指责的言语:"你真笨!""你为什么不这样?""你应该要这样!""你怎么可以那样?"

5. 正念沟通，先跟后带

大家有没有听过"合气道"？合气道是较柔和的武术，被称为武太极，也是一种动禅，强调"静定"及"身心统一"。依力学原理，利用离心与向心的旋转，配合对方的攻势，四两拨千斤制服对方。动作柔和优雅，精神不争不斗，后发先至，转守为攻，是合气道技法最具特色的地方。

合气道不论摔、扭、化都以圆的运转为主，练习合气道的人面对攻击的时候，通常会先抓住对方的手腕，转到跟攻击者同一个方向，也就是不正面对抗，而是先跟攻击者合而为一，使得对方无法攻击自己。由于自己和对方的力量合而为一，便能借力使力地以双倍的力量，带着对方转到地上去制服。我们现在要学习正念沟通，其实就是像合气道一样"先跟后带"。

先跟后带招式一：正念聆听

"正念聆听"意指不带判断、全心全意地，专注于当下听对方说话。现代社会一心多用是常见现象，我们都是一边玩手机一边听人说话，一边听音乐一边听人说话，一边看电视一边听人说话。除此之外，当我们听别人讲话的时候，脑子里不停地有判断的声音冒出来："他讲得对""他讲得不好""他讲这一点我赞同""他讲那一点我不赞同"。我们现在要试试看正念聆听，全心全意地专注地听对方讲话，不要马上去评断讲得对还是错，我们就是先耐心地听他把话讲完。

全球著名半导体制造商台积电董事长张忠谋在总结成功之道时，指出了倾听的力量。他说："常常有人问我成功的原因为何，我想我'收讯'的能力已培养了很多年。"张忠谋在沟通中会观察对方"第一个是看我讲话时，他会不会打断我？打断话的人既不礼貌也对自己不利，因为他打断我，以为知道我接着要讲什么，可是90%他都猜错"。

我们要学习正念的聆听，也许你在听完以后，你才会发现对方到底要表达什么？对方究竟感觉到什么样的情绪？对方的需求到底是什么？当我们带着评判去听对方讲话的时候，对方真正的需要，对方真实的情绪，我们是"收讯"不到的，因为我们已经先入为主地强加了自己的解释，这些有可能都是偏见，所以我们要先练习正念的聆听。

先跟后带招式二：同理联结

通常我们听到一些我们不想听的话，我们很快就会进入自动导航模式：我们会感到愤怒害怕或者是烦躁难过，所以就会进入惯性的反应，比如前面说的投降、抵抗、逃避、攻击或是反击。因此，保持一颗觉察的心是很重要的。当我们保持对自我的觉察，我们对于自己的状态是清醒的，我们会知道：我现在可能即将要落入惯性反应。

因此在这个时候，我们可以主动脱离原本的惯性模式。你可以告诉自己，深深呼吸，慢慢放松，从 focus in（把焦点摆在自己），跳转到 focus out（把焦点摆在对方）。也就是说，我知道我的情绪和想法，现在我愿意去感觉对方的情绪，了解对方的想法。当你 focus out 去同理联结他人时，就不易陷入自己的情绪化反应，而更能够做出理性的回应。

"同理联结"的意思是，我看见你了，我听见你了，我察觉到你真实的状态是什么，我看到你想要的是什么，我也感觉到你的情绪是什么。 其实，这是一种与对方"共情"的状态，你真的能够体会对方的感觉，真的能够体会对方的情绪，真的能够看见对方的需要，你会发现，此时更容易接纳对方，化敌为友。

记得告诉对方你的理解与包容，比如说"我知道你在生气,我知道你很难过,真是抱歉让你有这种感觉"。如此一来对方的自我防卫也会软化下来,彼此对立的情况就扭转了。在"慈悲心的练习"中,当你发现很难给予讨厌的人祝福的时候,也许可以试试看,先去同理共情对方的感觉,可能会更接近事情的全貌,也比较容易给予对方慈悲心的祝福。

先跟后带招式三:只讲事实与感受的"我"语句

"只讲事实与感受的'我'语句"意指在跟对方沟通的时候,试着只陈述事实与自我感受就好。举例来说,太太跟先生前一个星期就约好去看电影,结果太太跑到电影院去等她的先生,左等右等,而先生却一直没有来。此时太太就开始火冒三丈,她打电话给先生,先生说:"我忘记了,我在加班。"回家后,太太跟先生说:"你从来没有把我放在心上,每次你都这样,你一点都不尊重我。一周前就跟你约了,你还这样,你根本不爱我。"这是我们平常的沟通语句,可以听到有很多的"你"语句在里头。

现在,我们要改成只讲事实与自我感受。

首先不加批判地陈述事实就好,比如:"我昨天在电影院里面等你,我们一周前就已经约好了,但是你忘记了。"

接下来就讲感受的"我"语句,用"我"来开头,比如:"我觉得有被冷落的感觉,我觉得不够被尊重。"

发现"你"语句与"我"语句之间的差异了吗?当我

们带着指责说"你"的时候，就会引发对方的防卫机制，关上心门不愿体会我们的感觉，彼此之间就会失去联结。所以更好的沟通语句是用"我"开头，把自我感受讲出来，不指责对方。

先跟后带招式四：创造共识

"创造共识"意指你愿意创造一个空间，让你跟对方在里面达成共识。在你进行正念聆听、同理联结、讲了事实和自我感受以后，你要邀请对方共同创造一个你们两个都认同的方案，你可以说出你的需要，然后看看对方会怎么回应。

比如："我真的很重视和关心我们两个之间的关系，所以才会希望有固定的时间可以一起去约会看电影。要不我们来想一个你我都 OK 的方案，你觉得怎么样？"也许在约会前一天，太太会给先生一个提醒，如果双方当天工作走不开，也要安排其他的时间补回两人的约会。

要创造共识，就要先试着把这个球丢出去给对方，不要抢先说出你自己的方案，不要强迫对方接受你的想法。请他先提出他的想法，这样做其实是善意的回应对方，并且让对方更有动力去做出承诺和行动，更愿意去执行他自己提的方案，而非你强加给他的方案，最后才比较容易达成共识。

我们这周要来练习写"正念沟通日记"（见表 9-1）。

表9-1 正念沟通日记

日期：＿＿＿年＿＿＿月＿＿＿日	每日记录
1. 今天让我感到压力或困难的沟通情况是什么	
2. 我真正想要的是什么，我实际上得到的是什么，我的感受是什么	
3. 对方真正想要的是什么，对方实际上得到的是什么，对方可能的感受是什么	
4. 在此沟通中，我的惯性沟通反应是什么；若是正念沟通，我的新选择（回应）是什么	

要特别注意，在你与对方的关系当中，你的惯性沟通反应是什么？是否常会出现逃避、投降、抵抗、反击或是攻击的反应？如果是先跟后带的正念沟通，你会以什么新选择去回应对方？试试在下一次沟通时，使出四大招式：正念聆听、同理联结、使用只讲事实与感受的"我"语句、创造共识。

持续练习，每日记录，静观其变。我们每天都会与人接触，都有机会练习正念的沟通。记得用上述的表格记录下来，并且观察自己日记内容出现的变化。

6. 第七周的正念练习

♪ 慈悲心的练习

在慈悲心的练习当中，我们要培养对自己和他人的友善和包容。"慈悲心的练习"就是帮助我们能够去接纳自己，并且把这样的接纳与爱扩展到其他人的身上去。

其实，每个人无论外表看起来是多么地坚强，或多或少内心都会经历焦虑、恐惧或者是害怕无助。这个慈悲心的练习就是帮助我们看见自己和对方的需要，把祝福送给自己，也把祝福送给别人，帮助我们可以用一颗不批判的心，完整地活在当下，用一颗包容的心去感受和体验生活当中的一切。

在我们的生活当中，常常碰到很多并不尽如人意的事情，我们通常都用一种逃避或者是抵抗的态度去面对负面的感觉。只有当我们拥有一颗慈悲的心，当我们愿意接纳和包容生活当中的一切，才能够真正地活在当下，不逃避、不抵抗。

当我们拥有这样慈悲包容的态度时,也许你会发现,看似不如意的事情,其实是一个祝福,它帮助我们变得更有力量、更成熟。不要让过去的经历决定你的态度,而是要用你的态度重新定义过去的经历,把不如意化成祝福。让我们一起来练习吧!

★ 请大家找一个舒适安静的地方,你可以坐着,或者是躺者,让自己处在一个放松的状态里面。

慈悲心的练习

轻轻地闭上眼睛,做3次深呼吸,吸气……吐气……吸气……吐气……再一次吸……吐……让自己的身心完全地安住在呼吸当中,平静和谐。

现在请对自己说,愿我健康快乐,身心安定。

慢慢地说一次。

认真地说一次。

放松地说一次。

每说完一句,就观察自己的身体和心理的反应。无论身心有什么反应,接纳这些感受的出现。

请你回想一下过去,一段你曾经感觉被爱的时刻,可能是你的家人,可能是你的朋友给你的关怀和照顾,甚至可能是你的宠物,或者是一个陌生人的友善回应。

当你感受到爱的时候,就把他们给你的爱传递给自己。继续练习给自己慈悲,请对自己说,愿我健康平安快乐,愿我身心轻盈安定。

接着,你可以挑选一位亲近的人,也许他们是你的家人和朋友,请你用同样的方法祝福他,在心里对他说,愿你远离痛苦,愿我健康平安快乐,愿我身心轻盈安定。

接下来,我们要挑选一个陌生的人来做练习。他可能是你每天出门路上会碰到的人,你不知道他的名字。他和你一样,生活当中也充满了各式各样的情感,有快乐欢喜,也有害怕悲伤、辛苦疲惫的时候。如果你愿意的话,请在心中祝福这位陌生人。在心里对他说,愿你远离痛苦,愿你远离痛苦,愿你身心健康,愿你平安快乐。

接下来,如果你愿意的话,我们要在挑战更进一步的练习。请你挑选你觉得不太好相处的人,无论选的是谁,他和你一样,也渴望快乐幸福。默默地祝福他,愿你远离痛苦,愿你身心健康,愿你平安快乐。

如果你发现自己在说完以后,还没有办法对他产生友善的感觉,别担心,有这份心意已经足够了。

继续扩展慈悲的力量,把这份慈悲心传送到天地之间。所有的生命、花草树木、虫鸟鱼兽,也包含了所有的人类和你自己,请你在心里发送祝福,愿所有生命远离痛苦,平安快乐。

当你对宇宙发出慈悲心的时候,你同样地也会发现,宇宙也同样地以慈爱赐予你阳光、空气、雨水,宇宙没有缺少过对的爱。用感恩的心,感谢这一切,用慈悲的心去关怀更多的生命。感谢自己的呼吸,活在当下,完整地与天地宇宙同在,珍惜自己生命的圆满俱足。

♪ 拥抱内在小孩

如果你觉得前面的"慈悲心的练习"一开始难以做到,那么你也可以先练习"拥抱内在小孩"的音频。学习让自己给予无条件的爱。这份爱不只是对待我们所爱的人,更重要的是对待我们自己。

很多人常常会问,"到底怎么样才能够爱自己呢?"其实,我们每个人的内在都住着一个小孩,这个小孩就是童年的你。人从呱呱坠地开始,就面临一连串的外在环境的挑战,有时候我们还没有长大,却被逼着长大,我们很快地就开始当一个大人了。但是事实上,在你的内心深处,那个童年的自己非常需要呵护与爱。

当内在小孩得不到爱,他就会退缩到内心深处的角落里面去。我们外在是一个坚强刚毅的大人,但是可能我们不懂怎么爱自己,因为我们忘了给内在小孩爱。给自己爱是一个想法,也是一个行动。你可以去探望你的内在小孩,好好地去跟你的内在小孩在一起,他需要爱,需要有人抱抱,帮助他放掉受伤情绪和自我批评。所以,今天让我们找回内在小孩,重新好好爱他,学会真正地爱自己。

★ 请你找一个舒适安静的地方,你可以坐着或躺着。

拥抱内在小孩

闭上双眼，开始做3次深深的呼吸。

当你每一次吸气、每一次呼气的时候，你整个身体都感觉越来越放松。持续地呼吸，越来越放松，继续保持轻松缓慢的呼吸。

在这个你感到非常舒适安全的地方，请你想象有一股暖流，从你的头顶开始缓缓地流下，让你的每一寸肌肤和细胞都愈来愈放松。轻轻的、松松的、软软的，放松你的前额，放松你的脸颊，放松你的下巴。你整个的头部都完全地放松下来，头脑当中的神经也完全地放松了。你的头脑一片空白，只觉得好温暖、好平静、好舒服。

继续让这股暖流流到你的前胸，你的后背，流进你的内脏，流进你的双臂，你整个上半身完全地放松下来。

放松你的腰部，放松你的骨盆，放松你的大腿、膝盖、小腿，你的整个下半身完全地放松下来。轻轻的、松松的、软软的，舒服又温暖，你全身都放松下来了。

现在，我邀请你回想一个你曾经深深感觉到被爱的时刻。那个场景是什么样子呢？是谁和你在一起呢？你们在做些什么呢？也许你回想起的是你的家人，是你的朋友，又或许是你不认识的陌生人，他们给你的微笑和鼓励，那都是爱，你是深深地被爱着的。

现在，有个孩子出现在你面前，这个孩子是童年的你。请你走向他，张开手拥抱他，告诉他，我在这里。

请你给这个孩子无条件的接纳和爱，无论他的外表如何，成绩如何，品性如何，这些都不重要，唯一重要的是你爱他。

这个孩子如果受过伤害，请你耐心地温柔地抱着他，轻轻地抚摸他的背，告诉他"我爱你"。温柔地、轻轻地，就是单纯地给他好多好多的爱。你可能会发现这个被逼着长大的孩子，这个受过伤害的孩子，他僵硬的小身体在你的怀中放松下来了。他可能会呜咽地哭着，要你哄哄他。请你抱着他，轻轻地对他说："有我在，一切都会越来越好的。"

　　现在好好享受和他在一起的感觉，你们已经失散了好久好久，他是你内在的小孩，是童年的你。

　　你现在是个大人，你成熟了，你有能力有力量去保护这个孩子。请你轻轻地抱着这个孩子，温柔地对他说："我在这里，我可以保护你，我有能力，我有力量，我会好好爱你，一切都会越来越好的。"

　　孩子的脸上充满了开心和愉悦，他好感动，你终于看见他了，你终于找回他了，你们要永远在一起，永远不分离。享受和他之间爱的交流，你会一直和他在一起，你就是他，他就是你。

　　现在我们要让内在小孩回去睡觉了，你可以跟他拥抱道别，下一次当你想要找他的时候，你只需要闭上双眼，放松呼吸，把心打开，你就能够再一次地见到他。

　　孩子现在跟你挥手道别，转身走回内心深处里面去了。他不再害怕，不再孤单，因为他知道，你会好好爱他，你会永远永远跟他在一起。

7. 第七周作业

- **每日聆听"慈悲心的练习"与"拥抱内在小孩"音频**

  "慈悲心的练习"与"拥抱内在小孩"也可以交互练习,一天听"慈悲心的练习",一天听"拥抱内在小孩"。

  慈悲心的练习　　　拥抱内在小孩

- **每日撰写"正念沟通日记"（见表9-2）**

  表9-2　正念沟通日记

日期：＿＿＿年＿＿＿月＿＿＿日	每日记录
1. 今天让我感到压力或困难的沟通情况是什么	
2. 我真正想要的是什么,我实际上得到的是什么,我的感受是什么	

(续)

日期：_____年_____月_____日	每日记录
3. 对方真正想要的是什么，对方实际上得到的是什么，对方可能的感受是什么	
4. 在此沟通中，我的惯性沟通反应是什么；若是正念沟通，我的新选择（回应）是什么	

记录

_____
_____
_____

如果有问题，请看下面的答疑，或者直接去公众号咨询。

8. 问与答

慈悲心的练习

Q：做"慈悲心的练习"的时候，无法真正感受到自己对别人的宽容和爱，仿佛只是重复地做着练习，怎么办？

现在大家把十个手指头伸出来，我们来数算一下今天得到的恩惠，也就是一天当中值得感恩的十件事。算完一件事，一个手指头就收起来。仔细想想，你今天一定有可以感恩的十件事情。

上班有公交车司机为我们开车，打开水龙头就有干净的水，有快递小哥为我们送东西，有老师在课堂讲台上孜孜不倦地教育我们，有爸妈健在能听他们唠叨关心，还有阳光和空气都是大自然的给予……一切为你所做的服务与付出，都值得被感谢，原来我们一天就可以感谢这么多人、事、物。

只要你愿意去数算你每天接受到的恩惠，爱是流动的，就像一个通道一样。今天爱的通道接到你身上来，有这么多人给你服务给你爱。这些是值得感恩的，就请你把这些你感觉到的爱传给别人。

你每天做慈悲心练习之前，你可以先感恩十件事。你会发现原来在口袋里装着别人这么多的爱，我们要把收集的爱，也传送给其他的人，通过慈悲心的祝福把爱传出去。

Q：做"慈悲心的练习"的时候，要给那些伤害自己的人送祝福的确有困难，我真的不想跟找我麻烦的人和好，这样是不慈悲吗？

在此做个概念的区分，饶恕（forgiveness）跟和好（reconciliation）是两回事：**饶恕是心理上愿意放下对这个人、这件事的负面情绪，和好则是在关系上愿意再度跟对方连接**。研究发现，如果你只是和好，但没有饶恕的话，你会比不和好不饶恕更不健康。

健康的状态是，你愿意饶恕对方，放掉这些人、事、物引发的负面情绪，但是要不要和好，就看你自己愿不愿意。

举个例子，在一些家暴的案例中，受暴者脱离家庭以后，心理上饶恕了施暴者，放下了恨意和委屈，不会一想到这件事就难过得吃不下饭、睡不着觉，那还要回去跟施暴者生活在一起吗？这是不需要的，因为对方还没有改变。要不要继续连接、恢复关系，你可以视当时的情况而定。如果你发现这个人一天到晚找你麻烦，那你要跟他保持健康的距离，不让他再来侵犯你。

饶恕是练习让自己的心一次又一次地放下重担，越来越轻松自在。放松呼吸，松开自己，让情绪有空间可以来去，不让这些情绪再来影响你，然后尝试发送慈悲心的祝福给他，祝福他能够心存和平，止息愤恨。

拥抱内在小孩

Q：在练习"拥抱内在小孩"的时候，发现我不能原谅内在小孩。因为以前的那个小孩是想保护自己爱的人，却给爱的人带来了伤害。我不能接纳自己、原谅自己，我不能拥抱自己的内在小孩。我想接纳他，可是每次看见他却不能把爱给他，给自己，因为我一直很自责。

我们看见过去的伤害，如果用恨来对待的话，那有点可惜，因为这个恨要么伤了别人，要么伤了自己。当你恨别人的时候，其实你自己也不好受。当你自责的时候，那是把刀往自己心坎里插。无论是对内或者是向外，这个恨都会让我们自己和身旁的人不舒服，而且对整件事情没有帮助。恨跟爱都是能量，它是可以转化的，我们要把恨转变成爱。

怎么转？看破即转。

我们通常会觉得放下仇恨很困难，是因为我们看不破。可能我们一直在抓着一些我们自以为是的假设，其实那根本不是事实，比如说你觉得别人伤害了你，或者是你觉得你伤害了别人，这个是事实吗？还是你自己想当然的一个观点而已？

看破是看见一切虚幻后面的真实是什么。很多我们自以为是的都是虚幻，有一句古话叫作塞翁失马，焉知非福，塞翁得马，焉知非祸。当你得到了觉得真好，但你看破它便会知道，这可能不是一件好事；当你失去了觉得真惨，但你看破它，会知道也许这是一个礼物。无论你因为被别人伤害而觉得难过，还是因为伤害了别人而觉得自责，你现在要练习的是，穿越它、看破它，把原本的伤害变成是一种淬炼，把原本的自责变成是一种超越。

一位母亲因孩子遭遇车祸去世而非常自责，觉得自己没有保护好小孩，但是后来她转化了自责，开始去帮助在车祸、在意外当中受伤的孩子，帮助他们的父母重新站起来。把对自己的恨转化为给别人爱，别人会以感激回报，这就是爱的循环流动。请你也尝试练习，慢慢地你会发现自责越来越少，爱越来越多。

感谢那些帮助你度过痛苦时期的人，感谢在这件事上的收获与成长。当你感恩一切，会让你有力量去宽恕和原谅伤害过你的人，甚至感谢你曾经被他们打倒。他们是上天派来的黑色天使，帮助你越挫越勇，让你在血泊中锻炼出刚强的力量，可贵的是，你还拥有一颗柔软慈悲的心。

Q：内在小孩不愿意与自己沟通怎么办？

如果你发现内在小孩不愿与自己沟通，那一定有原因的，可能因为他跟你不熟，没有什么交集，就像是小孩子看到不熟的叔叔阿姨，就会躲在后面不想出来。所以要想让自己与内在小孩变熟，就要常常去探望他。

也有学员说，自己的内在小孩觉得总是被忽略，所以有点生气不想理人。每个人的内在小孩给的回应都不一样，你可以试着去问他，如果他不回答你的话，那么就请你耐心地等待，你可以常常去看他，即使他不理你也没有关系。

就像有些孩子来到咨询室的时候非常害羞，可能前面几次咨询都不讲半句话，但是咨询师的工作是什么呢？我们就是在那里陪伴，让他知道可以放松舒服地跟我们在一起，就算什么也不说，什么也不做，都是允许的。可能他没有被无条件地接纳过，所以当别人来关怀他的时候，他会怀有很高的戒心，觉得"你一定不是真心爱我"，反而会出现一些防卫的行为。

内在小孩会有各式各样的脾气，但其实他们的内心都需要爱，你要给他耐心与时间，同时给自己耐心与时间，好好地陪伴他，然后慢慢地你会发现不一样。等待是一种艺术，也许在你意想不到的时候，他就会向你敞开，只要让他知道你一直都在这里，爱着他,支持着他就好。继续以爱浇灌,然后静待花开。

Q:听"拥抱内在小孩"音频的时候,会觉得自己长大了,要保护内在小孩。因为内在小孩经历了很多不开心的事,感到很害怕,我要给予那个小孩很多的爱。但一旦回归到现实世界,遇到一些困难挫折的时候,又觉得不够爱自己,怎么办?

这也是需要练习和时间的,当你回归到现实生活中,发现不够爱自己的时候,其实那个感觉应该就像在《人生五章》那首诗里说的,我们又掉到洞里面去了。但是没有关系,你现在至少知道自己掉到洞里面了,而且你也发现就是自己的问题。

那我们要做的就是,试着从洞里爬出来,重新学会爱自己。慢慢地,我们会学会看到洞绕道而行,再后来,我们会学会走另外一条路,这个都需要时间,它是一个过程,给自己时间慢慢地去练习,一定OK!

我们不带有任何的预期,先去试试看。我们试试看的过程当中也许会碰到一些困难,也许会碰到一些障碍,但是碰到障碍和困难让心情感觉有挫折感的时候,我们同样地就是用正念的方式去觉察挫折感和情绪,并给予自己支持和爱。

Q:妈妈在我小时候过世了,她很疼爱我,每次一想起她就难过,我很努力刻意不去想,但就是放不下回忆,摆脱不了对她的思念,很难受不知如何是好。

有部电影叫作《兔子洞》,女主角的儿子因为交通意外去世,她不知道怎么处理自己的哀伤情绪。因为女主角的弟弟就是因为交通意外去世,她就去问妈妈要怎么面对儿子去世这件事,怎么才能放下？女主角的妈妈在这里有一段很经典的台词，她说："我从来没有放下过，他一直都在，我会一直记得他。只是我把他变得很小，小到能够放在我的口袋里面，陪着我一起生活下去。"

如果你刻意要把妈妈的记忆抹去，那么你可能会因此失去感受爱和爱别人的能力，这是非常可惜的。你是不是可以像电影里面所说的，尝试把妈妈放得"很小"，而不是把她"放下"。你可以把妈妈的一些纪念品带在身边，让妈妈在你的身边用另一种方式陪伴着你，让她变成你的力量陪你走入人生的下一个阶段。

我们来打一个比方。如果你把妈妈的爱当成是一块银子埋在土里，它虽然对你很有价值，但你只能一直守着它哪儿也去不了，很久之后它还只是这样一块银子。但如果你把妈妈的爱当成是一颗种子，你把它种在土里面，你不用一直守着它，它就会长大，吸收阳光雨露，变成一棵树。于是你可以在树下乘凉，你可以带着妈妈的爱让自己成长，在你无助的时候，在你需要力量的时候，你可以带着妈妈的力量往前走。你还可以把这样的爱分享给他人，欢迎别人到树下来乘凉，让他人也分享到你的快乐，同时回报给你更多的爱。

这将是一个循环的流动，你会发现妈妈的爱越变越多了。

正念沟通日记

Q(1)：我老公喜欢和陌生漂亮女生网聊，他说仅仅是排解压力。我很难受，很不舒服，可是他的情绪反应很大，说我太多事、太敏感、太狭隘,根本无法继续沟通。我该怎么办?

Q(2):我老婆发脾气的时候会把我拉黑名单,包括QQ、微信、电话,然后在家里黑着脸不说话,只有等她的气消了,才能逐渐恢复正常沟通。她会因为生活中各种小事情引发,激烈的情绪反应,比一般人更容易引爆,也比一般人更激烈,怎样运用正念的方法与她更好地沟通呢?

我们开始练习正念,要破除旧习惯,愿意从旧有的模式当中跳脱出来。我们要改变别人不容易,我们能做的就是改变自己,如果我们可以在每一次的沟通里跟以前不一样,对方对你的态度也会慢慢跟着改变的,只有靠你的带动,让对方看到你的改变,他才有可能改变,而不是你叫他改他就能改,这个是不一样的。

我们该怎么潜移默化地让对方去改变?很重要的基础是"先跟"(第一招"正念聆听"与第二招"同理联结")。如果这两招基础还没有打好,就想要"后带"(第三招"只讲事实与感觉的我语句"及第四招"创造共识"),就像下盘不稳时出拳,反而容易摔跤。

看对方的所作所为不顺眼,有一个前提是:我理解你的行为背后有正面的意图与需要,我们尝试从正面的意图来发展正面行为的可能性。比如丈夫网聊背后的正面意图和需要是:排解过多的压力。妻子发飙背后的正面意图和需要是:忠诚专一的爱情。这两个意图都很好,但是都没有被看见。妻子只看见老公的不以为然,老公只看见妻子的无理取闹,两人都有联结,但是有沟没有通。

"先跟"是在生活当中,我们要先建立正念聆听的习惯,建立同理联结的习惯,要先让对方感觉,意图是被理解的,需要是被接纳的。比如:"老公,我知道你压力很大,辛苦你了,找方法排解真的很重要"或是"老婆,我知道你在生气,我只爱你一个人,你是我心中的唯一"。这些话一讲,对方的防卫机制马上卸甲,两个人才能从吵架变成沟通。要让你的另外一半觉得,你真的有在听我讲话,你真的有在尊重我的想法,而不是仅仅说你的想法和感觉,强迫我遵守你订下的规则。"先跟"做好以后,我们再做"后带":老婆可以跟老公共同想出纾解压力又增加夫妻互动的做法,比如两人一起运动散步;或是老公请老婆列出情绪引爆点,两人一起制定拆弹策略,比如主动告知不拉黑,实时道歉说爱你。

看见对方的行为背后有正面的意图与需要,从正面的意图来协助对方发展正面的行为,请在日常生活中多多练习。

Q:我想帮助别人,懂得道理之后好想改变别人,特别是我的家里人,想让他们和我一同成长没烦恼,要怎么做?

请你让自己放轻松,让自己充满爱,用这个状态和你的家里人在一起就好。"润物细无声"是最高境界,也就是说你不需要刻意去说服你的家人要做什么改变,而是当他们发现他们在跟你相处的时候,你改变了,而且你的改变让他们感觉很舒服,他们自然而然也会充满好奇,这时你可以再去跟他们分享你的成长历程。

比如说你以前常跟家里人吵架,但他们发现你现在讲话的态度越来越温柔,讲得还越来越有道理,他们自然而然会觉得好奇。当他们的好奇心升起，问起你为什么会有这样的改变，这个时候你再去跟他们分享，这就是顺势而为，水到渠成。

Q：该怎么通过正念练习，克服公众演讲恐惧，或是人与人之间面对面交流的恐惧？

2013年英国《卫报》(The Guardian)刊出了一篇非常有趣的文章。他们对英国人做普查，问他们人生中最害怕的事情是什么？最多人回答的既不是怕高或怕死，而是公开演说（public speaking）！虽然这只是对英国人的调查，但对公开演说的恐惧超越国籍，非常普遍。这件事对所有人来说，都是件令人紧张、容易产生压力的事。

恐惧是一种感觉，一种情绪，它的确存在。建议大家可以做三件事情：第一件事情是，我们正念地感受恐惧，接纳承认它的存在；第二件事情是，我们把注意力重新定位在演讲或交流的内容上，把关注的焦点调整到如何把这部分的内容讲清楚，比如多举些例子、多给些观点等，让自己完全地投入在演讲或交流中，就像自己也是一个听众一样；第三件事情是，给予自己正面的鼓励与支持，为自己加油打气。

这里有个口诀：STOP四步，可以用在任何你感觉混乱或危机的时刻。例如突发事件打乱了你的步调，让你生气或是害怕的时候：第一步Stop，停下来；第二步Take a breath，吸口气；第三步Observe，观察自己现在的状态，比如我承认我在生气或害怕，但是我愿意在呼吸中给它一个空间，观察它的变化和来去；第四步Proceed，继续做我当下要做的事。

我们通常发现自己在害怕的时候，越不想感受它，越不想要它,它好像就越如影随形。正念就是换个方向,我们不用去排斥它,而是接受它。我承认我真的很害怕,不需要去逃避害怕的感觉。你也可以尝试把紧张和恐惧感先如实地表达出来,或许紧张和恐惧就会相对减弱。

比如在演讲开场时,可以跟大家提前说:"我今天发言有些紧张,不过我做了充分的准备,我也会努力表达,如果等下有因为紧张讲得不清楚或者结巴的地方,大家可以告诉我,我可以再说一遍。"在表达自己的情绪时,要表现出负责任的态度,而非"因为我紧张,所以做不好,请大家见谅"。坦诚并负责任地表达自己,听讲的人也会给予更多支持。

建议你还可以再往内多探索一点,看看害怕的根源是从哪里来的。如果你发现自己的恐惧可能是由一些扭曲的念头而来,比如说我一定讲得很烂,大家都会笑我!这是真的事实吗?还是你想出来的?你可以试着在察觉到这个念头出现的时候看穿它,告诉自己这只是自己想出来的念头罢了。你只要看着它来去,不需要去追随。

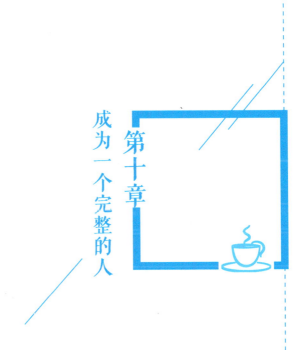

第十章 成为一个完整的人

我们每个人的内心都有智慧和慈悲的种子，但同时也有贪嗔痴的种子，这在我们的意识当中频频出现，特别是在互联网发达的时代，这些意识在我们每天接触到的资讯当中不断地传播，我们心中已有的烦恼就被强化了。

　　为了让心中的智慧和慈悲可以茁壮成长，我们培养正念，观照了解自己的身心状态以及周遭的事物，打破自己不知不觉的状态。随着练习，逐渐放下过去，活在当下，创造未来，将烦恼转化成清净的爱和明白。

1. 头脑习惯的除旧布新

在正念练习里面,我们慢慢地从旧习惯过渡到新状态。除旧布新的正念生活,破除了哪些旧的习惯,进入了哪些新的状态呢?我们来看一看。

从"跟随情绪"到"有意选择"

第一是从自动化导航系统的旧习惯,转变成一个有意识的选择的新状态。

以前我们在面对外界刺激时,所产生的感受、情绪与想法全部黏在一起,我们快速地进入自动导航系统,马上做出反应。而现在我们学会觉察自己的情绪和感受,觉察背后的想法,观察它的来去,观察它的生灭,观察它的变化。当我们能够正念地自我觉察,我们就创造了一个空间,这个空间让我们更加清晰明白地去做有意识的选择,去做有选择的回应。

举例来说，当遇到别人做了让我们不舒服的事情，我们开始练习觉察：我的身体可能出现一些紧绷，我的情绪好像有些生气，我的念头认为对方是一个混蛋，我真倒霉要跟这种人一起工作。

"怒"这个字，拆开来是"心"的"奴"隶，我们把自己关起来了。当你熟悉觉察，它将让你与所有事物的关系与之前截然不同，你不再是思绪的囚犯，也不会是愤怒、恐惧、无聊、悲伤等心理状态的囚犯，你会获得自由。

我们有两种方式面对外界刺激，一个是"反应"，另一个是"回应"。反应是不经思索的，但是当你发现，如果反应会让自己和事情都变得更糟，想想有没有更好的方式，我们可以选择去回应。现在学习正念，**我们要从"反应模式"转变成"回应模式"**，就是我们要去觉察我们的情绪，觉察情绪背后的念头，觉察身体的感觉。

我们可以选择一个新的回应方式：我选择不发飙，不压抑，我就是心平气和地直接去跟对方说："你这样让我有些不舒服，但是我也知道工作不顺耽误了你的时间，所以我们要不要好好谈一谈？"你也可以给对方一些关心，让他不把你当成敌人，也许你们可以找到一个更好的合作方式。我们会从觉察当中走出一条新的路来，当用新的回应去对待身旁事情的时候，我们的自动导航系统也会逐渐修正改变，这就是一条新的道路。

从"分析判断"到"全然感受"

第二是从分析变成感知。

我们很容易被自己的想法所左右。看到一件事情,我们就开始分析这件事情是这样那样。但是**正念强调我们用感官全然地体验这个世界,直接地去体验,我们的内在和外在开始连接起来。**我们在分析判断的时候,都是活在自己的想法中,我们跟外在世界是隔开的,我们没有真实地去体验当下的情况,也没有觉察自己的情绪和身体的感觉,忽略了自己的感受,忽略了自己的情绪,忽略了外在世界真实的样子。

很多时候我们对于当下的情绪分析判断,是因为我们不喜欢这个情绪。我们想要赶快转移重心,不想要待在里面,我们带着的是一颗抗拒逃避的心,想要赶快解决它、脱离它;如果情绪还没消失,干脆压抑它。这通常会带来更多的焦躁不安、不知所措。

但是当我们能够先去感知,全然地去感受自己的情绪感觉和身体感官是如何和外界互动的时候,我们会重新让身心合一,我们也重新让内在和外在连接起来。所以在正念当中,我们要试着摘下有色眼镜,以赤子之心看见这个世界的本来面目,不是预期想要的好,也不是夸大想象的坏,我们就是单纯全然地去体验当下的一切。

从"对抗逃避"到"面对接受"

第三是对于负面情绪的处理,从对抗逃避转变为面对接受。

通常我们在恐惧、难过、焦虑、有压力的时候,反应不外乎是解决它赶快脱身,或是压抑它假装没事。我们都还没有真正用心地去感觉它、体验它。情绪只有一条道路,就是它只能被感受。有时候我们看到事情的本来面貌,跟我们预期的想要的样子有差距,我们会不舒服,我们急着要解决这个不舒服,赶快脱离这个情绪,脱离不了就压抑它,这是我们对抗和逃避情绪的旧习惯。

怎么样能进入到一个新的状态?**新的状态是面对它、接受它。**当你心里有负面的情绪,你要先承认它的存在,不用先急着对抗或逃避;我要跟我的不舒服在一起,看看它到底是什么样子,体验它、接纳它、观照它之后,我再来想想要怎么处理它。

过去在还没练习正念以前,如果我们遇到一件很害怕的事情,总是会先告诉自己说:"我不能害怕。我要很正面、很积极才对!"其实,我们可以告诉自己,我可以害怕。我承认我害怕,但是我也相信我可以处理这个害怕。

相信自己,继续前行。

从"过去未来"到"活在当下"

第四是生活方式上,从回忆过去、计划未来,转变为专注当下。

思考与情绪主宰了我们的心,即使睡觉也不断地想,结果造成很多压力与痛苦。有一篇发表在顶尖科学期刊上的哈佛研究,标题为"胡思乱想的心,是不快乐的心"(A wandering mind is an unhappy mind):研究发现,当受访者的心思愈没有放在正在做的事情上,他们愈不快乐。

我们常把心思放在过去和未来,但现在要改换一种新的生活方式,活在当下。我们清楚地知道,回忆就是回忆,计划就是计划;回忆是过去的,计划是未来的。这并不是说当你在现实生活当中,心中缅怀过去的回忆,或者是心里盘算未来的计划,就是错的。活在当下的意思是,当下你在做什么,就把心思意念专注在当下你做的事上。回忆的时候专心回忆,计划的时候专心计划,做事的时候就专心做事。

你可以练习觉察自己的念头是否专注在当下所做的事上,还是偏离了当下神游在不同的时空。当你觉察到念头偏离了,那么就温柔坚定地再次将念头专注于现在,重新把你的精力放在当下要做的事情上。

从"陷入念头"到"回归事实"

第五是从常常陷入念头的陷阱,回归到事实的真相。

我们的记忆常常都是简化以后的结果,比如今天在学校里跟两个同学打招呼,他们没有回复,我们心里的想法可能会是:"他们是不是不喜欢我,不想跟我当朋友,我被排挤了。"但事实上,如果我们去问那两个朋友,你们是不是讨厌我、排挤我,他们可能会说:"没有,是因为那时候我们两个正在讨论待会考试的题目,我们很紧张,根本没看到你在跟我们打招呼,就算看到也没空回应你,但是不代表我们讨厌你!"我们要学习让事实停留在事实的层面,而不是用我们的念头来概括事实。

研究发现,记忆模式很概括的人,在经历创伤事件以后,也容易出现创伤后压力症候群(posttraumatic stress disorder,简称PTSD,指的是人在经历创伤事件后出现失眠噩梦,焦虑易惊,重复想起创伤事件,逃避与创伤事件有关的事物,情感疏离,性格改变等症状)。如果一个人用这种概括的念头来存取记忆的话,只要在目前的生活当中遇到不如意的状况,就容易以记忆中的负面想法演绎当下的体验,把过去带到现在来,只要一受挫,就会想起那个不舒服的过去,所以就变得难以放下。

我们的旧习是把念头当成事实,用概括的方式存取经验。但现在我们要建立新习惯,**对于事实的解读和诠释不等同于事实,让念头停留在念头的层面,回归事实的真相。**念头不过是一个心理活动，我们就是用一颗慈悲宽广的心看着这些念头，无论它是好的还是坏的，觉察它的来来去去，但不要被它牵着走，你的内在慢慢地就会生出清静的智慧和定力。

从"追求外在"到"连接内在"

第六是我们从外在的目标转换到内在的连接。

我们常常一心追求外在的目标，其实这很消耗能量。但是现在当我们学习正念以后，我们开始觉察自己当下的状态，和内在许接在一起，懂得滋养自己。

现代人常常掉入一个陷阱叫"我没空！"你可以想一想现在的生活，在你越忙的时候，你会发现你越先放弃的事情，通常都是最能滋养心灵的事情。我们可能会觉得因为没空，放弃了运动，放弃了去郊外爬山，放弃了跟朋友家人的亲密沟通，而这些最先放弃的事情通常都是最能滋养自己的事情。

我们看似只做重要的事情，但其实那些所谓重要的事情，却是消耗能量的事情。最后，我们的生活就会越变越窄，能量只出不入，我们一直给出能量，但是没有滋养自己，导致我们越来越没有活力，没有创意，工作效率变低。完成的事情变少，且时间反而花得更多，也容易出现身心不适的状况。

我们要把和内在的连接拉回来，懂得滋养自己。别忘记我们为了提高效率所放弃的事情，有时候才是让自己更有效率的宝物。

2. 随时随地正念一下

送给大家一个礼物——"正念沙漏"。你随时随地都能做，每天你觉得有需要的时候就可以拿出来练习3分钟。在感觉到焦虑有压力的时候随时可以做，比如塞车的时候可以做，开会前可以做，要上台演讲前可以做，或者是排队排很长的时候也可以做。"正念沙漏"为你充电3分钟，让你可以重新投入现实生活，对于当下的状况做出适当的回应。练习在日常生活当中滋养自己，它是一个很好的工具。

图 10-1　正念沙漏

我们看图 10-1 沙漏的最上方，有个人在里面漂浮，可能我们经历了一些事件，以至于我们现在的情绪感受、身体感觉、想法可能都呈现一个让我们不舒服的状态。就像这个人一样，抱着自己的膝盖晃晃荡荡。所以，一开始的第一分钟，我们就是问问自己发生了什么事，去觉察当下的念头、情绪、感觉，还有身体的感受。

接着，我们看这个沙往下漏，聚集到中间窄尖的部分，就像是注意力从原本干扰你的事情上聚焦到此处。在第二分钟，我们练习的是把所有的专注力放在呼吸上。所以在第一分钟的觉察后，第二分钟我们试着把专注力聚焦在呼吸上面，什么都不做，什么也不想，只是呼吸。

最后，你可以看到有个人安住沙漏的下方，看着上方的另一个人。在第三分钟，我们试着把呼吸带到全身，去觉察身体的反应。

我们维持在正念的状态去感受、去体验，我们就是温柔地觉察自己，慈悲地给予自己支持。你会发现，这些感觉，也许它来了又走了，也许它还在。它在的时候，我们仍然可以跟它在一起，我们仍然是开放的，去包容和接受它的存在，或者是我们也可以为它做一点事。例如把呼吸带到需要放松的位置，放松那些紧张的身体部位。

这就是 3 分钟"正念沙漏"的练习。

3. 过能量平衡的生活

填写能量平衡清单，满足真实需求

这里有三个关于能量平衡的问题，见表 10-1。大家可以将答案记录在自己的随身笔记本中。首先，在你的生活当中哪些事情是消耗能量的？又有哪些事情是滋养能量的？你可能发现消耗能量的事情有很多，而可以滋养能量的事情也不少，只是你还没去做。在生活中要懂得平衡能量，不能只进不出，只消耗不补充。现在我们要做一些能量平衡的行动，平衡一下能量的消耗与滋养，在能量耗竭的时候，想想能做些什么为自己重新充电。

请写下承诺的五个能量平衡行动，不用做大幅的改变。因为通常大改变不太容易，我们列出可以轻松做到的事情，也列出明确的时间，比如"工作每两个小时，我要放松地喝一杯茶""等计算机开机的时候，我要做 3 分钟的正念沙漏"或者是"在办公室吃了一周外卖，每个周末我要给自己做一餐饭"。花点时间让喜爱的音乐感动自己,感激生命中的恩赐,欣赏美丽的艺术作品,在大自然里走走。如果时间记录很模糊,你可能很难找到时间去完成它,因为你不知道什么时候才要做,所以能量都快耗尽了也许还没行动,但是如果你标注了时间,这件事就比较容易完成。

表 10-1 能量平衡清单

	能量平衡清单
1. 在生活中哪些事情是消耗能量的	
2. 在生活中哪些事情是滋养能量的	
3. 我承诺的五个能量平衡行动(请选择可以轻松做到的事情,例如等待计算机开机时做个 3 分钟正念沙漏,或是每个周末要给自己做一餐饭)	

有些人会在压力大的时候吃下很多东西,似乎在吃的过程里可以让自己暂时逃离那种压力。他们虽然也知道暴饮暴食不好,但就是控制不住自己。其实暴饮暴食也是身体想要能量的一种表现,我们的身体觉得累、压力大的时候,就想补充能量,但是暴饮暴食补充的只是热量而不是能量,所以肚子长出了肉,精神依然疲累。当你发现自己又想暴饮暴食时,可以尝试用其他更好的方法满足身体真实的需要。

你可以看看自己写的五个能量平衡行动是什么,除了吃以外,有什么是可以给身体能量,让你感觉到很舒服愉悦平静的。比如说花 5 分钟的时间观呼吸,让你的头脑可以放松下来;或者是起身去到公园里面稍微走一走,让自己脱离一下办公室,呼吸一点清新的空气；又或者是你可以戴上耳机听些海浪鸟叫的自然轻音乐，让自己整个人可以舒缓下来。当你下一次又想暴饮暴食的时候，可以试着用你所写的能量平衡行动取而代之。

提高自律与自我控制能力

首先，外在有很多的刺激让我们没有办法自律。比如手机游戏太好玩了，所以一直玩停不下来，没有办法读书；或者上网看一看几个钟头就过去了，什么工作也没做。一个人要修心，最好的环境是闭关隐居，为什么？因为人面对刺激，通常定力是不够的，所以"小隐隐于野，中隐隐于市，大隐隐于朝"。你要境界很高了，功力很强了，你才可能在世俗中修行，因为刺激实在太多。如果我们可以减少外界的刺激，其实对我们培养自律是有好处的。现在我们的定力还弱不禁风，有一点风吹草动，心思就跑掉了。

因此，我们要先给自己一个没有那么多刺激出现的环境，让我们内在的定力可以慢慢地成长起来，我们的心思就不容易在遇到刺激的时候被拉走。你去坐飞机的时候，可以观察一下身旁的人，你会发现在经济舱候机区，大家几乎都在玩手机上网，但是在商务舱休息室，你会发现很多人都在看书，玩手机的比例大幅地减少。也就是工作越忙、位置越高的人，反而不会让自己曝露在那么多的刺激里面，要让自己可以安定下来。我们也可以通过学习，减少环境的刺激，让我们内在的定力可以在一个安静的环境里茁壮成长。

其次,当我们内在情绪溃堤时,要保持行为自律是很难的。比如因为感觉焦虑紧张就要抽烟,或是感觉抑郁伤心就想喝酒,没法自我控制。在我们要掉入情绪之前就要察觉,而不是等到掉入情绪之后再告诉自己,不要不行不可以。压抑以后会反弹,抽更多烟,喝更多酒,然后就觉得自己怎么这么不自律。雪球都滚到半山腰了,要它停下很难,我们要在它滚下去之前就看到,就像看了天气预报一样,你知道等会儿要下雨,所以你出门要先带伞,要有这种醒觉。

比如每周一只要开完检讨早会,你就容易心情不佳,晚上回家就会暴饮暴食。你自我觉察以后,就要替自己预先安排:在周一下班以后固定去健身房,在那里尽情地吼叫打拳流汗,让自己今天遭受到的憋屈可以发泄出来。甚至你还可以预先安排:周一来公司之前,你就可以给自己做一个预演,待会儿老板会说什么,我要怎样回答让他满意,然后也可以给自己打个预防针,待会儿如果被骂了,我要深呼吸 5 次,然后继续听老板讲话。

你要自我觉察,要知道情绪的预兆,然后你就可以提前来做准备。如果已经掉进情绪里了,也不要责怪自己,因为自责容易让自己低落无力。人在能量越低的状态越难自律。要接纳自己,原谅自己,同时告诉自己下次会更好,试试提前就做预防。

4. 为人生准备一些正能量

正向刺激产生正能量

著名发明家爱迪生在世界各国拥有超过一千五百项专利,他有句名言是:我没有失败,我是发现了一万种不可行的方法。

我们可以通过调整看事情的角度,让原本负面的刺激产生正面的能量。当我们接收到外界刺激,认知系统对它进行评估之后会产生想法,想法又产生了情绪和行为。若是我们改变认知评估的系统,我们就可以改变刺激出现之后的想法,进而影响情绪和行为。换句话说,这取决于我们是怎么解读这个刺激的,用一个负面的评估系统去看它,这个刺激就会产生负能量;用一个正面的评估系统去看它,这个刺激就会产生正能量。

美国有一个花了八年时间做的大型研究,得到一个很有趣的发现:生活在高压之下的人,死亡率较低压的人高出43%。但是这个死亡率的提高，只发生在那些觉得压力是有害的人群中，主观上不认为压力是有害的人，其死亡率反而是最低的，甚至低过那些客观压力很少的人。

哈佛大学做了一个升级版的实验，将受试者分成三组，然后这三组人都要做一个测验——完成公开演说的任务。对于这三组受试者来说，都存在客观压力。同时这三组当中也有不同的告知，其中一组仅仅是完成任务，不去做任何的干预；第二组则被告知可以尝试忽略身体上的紧张感觉，就算有压力也不要害怕，不要管它就好了；第三组受试者被告知心跳加速或呼吸急促，是为了帮助他们吸入更多氧气，让大脑更清晰，也就是他们被告知压力是来帮助他们的。

研究结果发现，相较于第一组和第二组，第三组的受试者更有自信应对压力。更神奇的是，他们的血管是放松的。在一般的抗压反应中，人的血管是收缩的，这样的收缩情况容易造成心血管疾病，对健康确实有害。但是，哈佛大学的研究显示，即便在客观压力下，当你在主观上认为压力是来帮助你的、是无害的，那么即使心跳还是加速，呼吸还是加快，但是血管是放松的，你就不容易得心血管疾病。因此你可以看到，心的力量有多强，思想的力量有多大，我们怎么认知一件事情是很重要的！原本这件事情在你旧有的认知里是负向的刺激，但现在，我们可以把它变成一个正向的刺激，它就会产生正能量。

心理学使用"认知重建"这个词来描绘人们从不同角度看

事情的能力，在困难的时刻和艰辛的情况下，从新的角度看事情，看见你所处的境况当中，那些幽默、轻松与光明的方面，这些对我们是非常有帮助的。

改变心态，世界如此美好

在工作当中，无论你是公司的 CEO 还是第一线的员工，你都能以一定程度掌控自己投入工作的某些部分。你可以在这些你能掌控的部分里，重塑工作的体验；你可以提醒自己你的工作如何影响他人的生活，可以投入工作中令你觉得兴奋有趣的部分，以及你与同事顾客之间有意义的互动；你还可以感谢自己在这份工作中学习到了更多的专业技能。改变心态，我们的世界就会变得不一样。

我的好朋友在上大学的时候，被诊断出得了癌症。在她做完手术出院的那一天，电影《卧虎藏龙》刚上映，她看到我就拿下帽子，对我说："你好，请叫我李慕白。"我笑了出来，她也笑了出来。我问她说："你不难过吗?"她说："当然难过，但难过完，我选择笑着活下去。"所以她积极地治疗，同时也用健康的方法养生，吃有机的食物，保证规律的运动和睡眠，保持活在当下、积极乐观的态度。就这样一直到现在将近 20 年了，她的癌症没有再复发。而在养生的过程当中，她结识了很多从事有机农业的农民，她将这些农民组织起来，为他们拍纪录片，出版论文，向世人推广有机耕作的概念。

癌症对于所有人来说可能都是一个噩耗，但是对于我的朋友来说，她却把它变成了一件生命的礼物，这是她的选择，她选择为负面的事情赋予正面的意义。

环境—信念—情绪—行为是一个循环，你要选择的是恶性循环还是良性循环，看你在出发点选择的最初的起心动念。起的是慈心，动的是善念，境随心转，你才能够去扭转你的客观环境。

世界上很多成功的伟人，当他们失败时，就算再难过，他们都相信这一切的发生对未来有帮助。失败乃成功之母。这个信念支持着他们化危机为转机，从挫败中再站起来。人生难免经历挫败，有些人一蹶不振，他们觉得人生无望，所有的错都不可能再挽回；有些人却能谷底翻身，成就更高目标，他们相信这一切都可以帮助自己变得更强大。我们都有选择的自由，对于周遭发生的一切，拥有一个正面迎接、不去抗拒、完全接纳的态度，相信一切的发生都有助于我们。

"在刺激与回应之间，仍有空间。在此空间中，存在着我们选择回应的自由以及权力。而在我们的回应中，则存在着我们的成长及喜乐。"这句话是维克多·弗兰克尔（Viktor E. Frankl）说的，他是一位伟大的心理学家，亲身经历过恐怖的纳粹集中营，受尽折磨与痛苦，在那么可怕的情况下，他却发现每个人仍然有选择的可能性，仍然可以活出自由和力量，仍然可以选择宽恕、选择相信爱。

通过正念练习，我们每个人都能够回到这样的内在空间，在此空间中活在当下。请你相信自己，你会越来越自由。

5. 第八周的正念练习

♪ 3分钟正念沙漏

在我们的日常生活中,有时候会遇到一些让我们感觉困顿或是烦躁的情境,这时候我们可以练习3分钟的"正念沙漏",帮助我们从困顿的情境当中快速地解放出来,转化自己的心境,用智慧的方法回应。

正念沙漏

★ 现在请你暂停下来,开始启动正念沙漏。

请你有觉察地坐着,尽可能闭上眼睛。现在遇到的状况,你心中有什么样子的念头或想法,带给你什么样的情绪和感受,身体又出现了什么样子的感觉呢?请你觉察一下,身体哪些部位是紧绷或者是亢奋的。你只是觉察自己,但不需要去改变,只是纯然地倾听与观照你当下的身体感觉、情绪感受以及念头想法。

接下来,时间来到沙漏的中间。请你把心专注在呼吸上,试着放松地呼吸,专注地呼吸,让你自己的身心沉稳下来,专注呼吸一分钟。

接下来,时间来到沙漏的下方。将呼吸扩展到全身,去探索自己全身的感觉,仿佛全身都一起在呼吸一样。如果你发现身体有一些部位,仍然是呈现紧绷或亢奋的状态,你可以试着在吸气的时候,观想气流送到那个部位,放松软化它。呼气的时候,紧张也随着气息呼出。

可能你现在仍然会察觉到自己的内在还是有一些不舒服的情绪,或者是紧绷的身体感觉。没有关系,你可以试着告诉自己,既然它已经在这里了,我就试着接纳它吧。有不舒服的感觉也没问题,尝试着开放面对它,将呼吸带到全身,用呼吸给自己送一次新的祝福,让困顿包容在自己生命的宽广空间中。

信任自己的智能,制造一个空间,这个空间给予我们一个重新回应现实情境的机会。回应中,有着你的成长和解脱。

6. 第八周作业

- **要过能量平衡的生活**

    人的能量不可只出不进,所以要过能量平衡的生活,我们前述能量平衡行动的承诺,在日常生活中要落实力行。

- **每天至少练习一种正念音频**

    目前为止,我们所练习的音频包含"观呼吸""身体扫描""身心合一的呼吸""观情绪""观声音和念头""与烦恼和平共处""慈悲心的练习""拥抱内在小孩"等,我们每天挑选至少一种来练习。而"正念沙漏",安安老师建议大家平常一天可以练习多次,当碰到有需要的时候,就可以拿出来练习。

_____

_____

_____

- **练习把正念的习惯带入生活当中**

    我们可以在生活中实践正念,如课程里教过的"正念进食""正念行走""正念伸展""正念沟通"。此外,练习将正念的习惯带入生活中的不同方面,如正念聆听、正念洗澡、正念做饭等。

一行禅师鼓励大家,可以尝试一周一次的"正念日":一周拿出一天,不要组织任何聚会或接待朋友来访,只做简单的工作,例如打扫房间、做饭、洗衣服。一旦房间整洁,东西归位,这时候可以慢慢地洗个澡。之后,喝茶,散步,练习呼吸,读书或写信。读书的时候,要清楚自己正在读什么;写信的时候,要知道自己正在写什么。傍晚,给自己准备一顿简单的晚餐,也许只吃一点水果,或只喝一杯果汁。上床睡觉前,静坐一个小时。睡觉前不要看书,而是练习五至十分钟的呼吸放松。做自己呼吸的主人,柔和地呼吸,闭着眼睛感觉胃和胸的起伏。这一天中的每一个动作,都应该比平时慢两倍。

当我们持续练习正念,我们就能够在面对生活中大大小小的刺激时,改变自己的评估系统与觉察模式。现在八周的练习已经完成,未来大家也要持续练习和内化,创建正念的大脑神经回路。

7. 结语

我有时会想,身为一名心理学家,失业的那天,我一定很高兴。

人人离苦得乐,使命大功告成,多好。

听众朋友在来信中述说自己在人生逆境当中承受的伤痛和纠结,既觉心疼,又由衷希望通过教导一些知识和方法,让你们能够自己帮助自己,从而变得健康快乐。**人生即使遭遇困难,仍能自由,也能自在。**

树叶从发芽长大,到有一天落叶归根。落叶归根,并不是从此生命就消失了,而是化为养分,继续滋养本来的生命——再一次地发芽长大,然后落叶归根成为养分,于是生命在这样的循环中生生不息。

其实人也是一样。我们从出生到长大成人,渐渐地离开家,在这个过程中我们要学习独立,但同时，我们也要学习回归。**当你的心里有了家，你的生命才会稳固安住。**很多人会说我不想回家，因为家里没有温暖。安安老师指的家，不仅仅是字面上有父母和兄弟姐妹的家，更是你的身、心、灵的依归之处。

很多人想要找到自己，回归生命所在之处，可我们从来不知道，原来我们可以跟自己的身心灵连接。但在大多数情况下，我们处在一种分离的状态当中——我们跟自己的身、心、灵分离了。因此，安安老师要分享的是——**我们要怎么样连接我们的内在、连接我们的身、心、灵，让自己能够回家。**

可能有些人会困惑，"我不就住在我的身体里面吗？"我们用大脑想事情，忽略了身体其实也有自己的想法、自己的情绪，甚至自己的意识。中国有一个词叫心肠，它指的是一个人的修为脾气。有趣的是，既然管行为和情绪的是大脑，那为什么要用"心肠"两字呢？我觉得这是中国古代的智慧。做心脏移植手术的医生发现，有些病人在做"换心"手术后，他们原本的个性喜好及习惯会出现转变，比如喜欢吃的食物、喜欢做的事情会不一样。

我们曾认为一个人的情绪认知、行为习惯都是由大脑操控的，但没有想到心脏也带有强烈的意识。另外，现代医学研究发现，我们的肠子是人体的第二大脑——肠子的神经元的数量仅次于大脑。大家可能都有这样的经验，当我们接触外界强烈的刺激时，我们的肚子会咕噜咕噜地叫。肠子神经系统的精密复杂程度跟一只猫的大脑差不多,可以说我们的肚子里住了一只喵星人,有它自己的意识。

第一步:跟我们的身体连接

我们的潜意识住在身体里,要跟我们的身体连接,也就是要跟潜意识连接。当一件事情来临,我们常常都只用大脑去思考,而这时可能我们的心脏、肠子甚至全身不同的部位都有感觉,但却总被我们忽略。

最近我因工作量非常大,经常忙到很晚。有天晚上我觉得胃很痛,但还在工作,一开始我想吃个胃药就好了,可是吃了药还是很痛,就想看看搞笑的视频转移注意力,可以缓解一下,后来暂时感觉没那么痛了。但是半夜睡觉时,睡一阵子我就被痛醒了,那怎么办呢?

我忘记了一件非常重要的事——要跟自己的身体连接并关注它,要倾听身体想要传递给我的信息,要回到身体的家。我只顾着照办大脑的指令,要吃药、要看搞笑视频,却忘记了主角是我的胃。这时,我将所有的注意力放在胃上,然后跟它说:"对不起,我刚刚没有好好地关注你,我吃药想要压制你的痛,看搞笑视频想要转移你的痛,但现在我愿意好好地听你说。"

当我开始跟我的胃连接时,我感觉更加痛了。就像一个小朋友想要跟妈妈讲话,但妈妈不理他,他已经眼泪汪汪了。这时如果妈妈跟他说:"宝贝对不起,妈妈愿意听你讲。"他一定会因为很委屈大哭起来。

因此，当我一跟胃连接，我的胃突然痛得更厉害了，但我没有跟它说："我不要看你了，越看你，你越闹啊！"我耐心地跟它连接，跟它说："你有什么话或者你想怎样做都可以告诉我，我愿意好好地关注你，跟你连接听你说。"慢慢地，我发现那种绞痛舒缓下来，我很明显地感觉到它放松下来，并给我一个很重要的讯息——就算有工作要做也要吃一些点心，不可以就这样硬撑着一直做。因此，回家之路的第一步，就是要先跟我们的身体连接。

第二步：跟我们的心理连接

当我们从潜意识往上走，就到达意识层面，而心理住在意识层面。意识层面存在着我们的想法、情绪及感受，但很多时候我们并没有跟它们连接。当我们委屈、愤怒、害怕时，我们发现它来了却不想要，我们觉得它会带给我们混乱和不舒服，于是我们会切断这种情绪和感受，比如我不想要胃痛的感觉就吃药，害怕不舒服就看搞笑视频。

但我们越不想连接它，它越会缠着我们，反倒是当我们愿意去连接它，愿意回到它里面，然后跟它在一起时，我们会发现自己好像进入了一个暴风圈，外面狂风暴雨，你被吹得七荤八素（就像我回去连接胃，它突然更痛），但再往里走，到了中央的暴风眼时，你就处在一个万里无云的晴空地带。因此一开始连接时，会出现"不喜欢，不想要"很正常。但请告诉自己，"这是 OK 的，我可以试试看"，然后慢慢地，你会发现情况就改变了。

在连接的过程中,我们要学习在心理上创造一个更大的空间。我们的一生当中一定会经历过很多负面的情绪。负面情绪就像是乌云,当一片乌云飘过来,很多时候我们就是一头钻到乌云里去,然后什么都看不见,陷在那个负面情绪里。但这时问问自己,"如果我是一片天空,当乌云飘过来的时候,会怎么样呢?"

当我们愿意连接我们的心理时,也许一开始感觉不舒服,我们可以跟这个不舒服保持什么样的关系?我们愿不愿意允许这些不舒服的存在?当你越放松,越像天空一样开阔并允许这些乌云存在时,你会发现过一阵子乌云就会飘走了。但如果你不再是那片天空,你是一架飞机钻到这片乌云的乱流里去,那你就会左摇右摆被打乱了。

让自己开阔,让自己成为天空。

跟你的心理连接时,不要害怕,无须逃避,如果你觉得痛苦,你就放慢呼吸,让自己放松下来,继续连接,慢慢地你会发现你变成天空了,你就拥有了足够的空间让自己自由。

第三步:跟我们的灵性连接

灵性是你与众生万物、天地宇宙的关系。我们与众生万物、天地宇宙都是一体的,这就是一个灵性的意识。当我们愿意用爱去跟他人连接、跟地球连接、跟宇宙连接时,这会带给我们很大的力量,因为爱会像回力镖一样回流到你身上。爱从何来?

爱你的不只是你的家人朋友，还有上天大地。每次在公园里散步，阳光照在身上时，我都觉得好幸福。天地无条件地给我们空气、阳光和雨水，天地有那么多的爱，无条件地滋养众生万物。想想自己被多少人爱着服务着，你的内在会生出很多感激。

我们可以一起来想想，你生命中对你有重要影响的人，可能是你的爸爸妈妈、某一位老师、某一个朋友，他为你做了什么？你能感激对方什么？他给予了你哪些？用心去思考，不要视之为理所当然，不要认为他们理应知道你心怀感激。思考过后，你可以写一封表达感激的信，把信寄出去再打个电话，不论是对你的父母、朋友或是老师表达感激时，是最让我们感到幸福的时候。研究证明，表达感激时，我们会感觉很好，对方也会感觉很好，你创造了一个双赢的局面，一个上行的螺旋，因为对方也更可能向他人表达感激，将爱传递出去。

人生当中难免会遇到阻碍，但因为你连接了更大的场域，你会得到更多的能量，你会有力气继续前行。你跟你自己的身体和心理在一起，也跟周遭的众生万物在一起，爱就在这样的循环之中，不断地滋生力量，让你可以回到你身体的家、心理的家还有灵性的家。与此同时，请把爱带回你的家——那个有父母、爱人和孩子在一起的地方，让它成为一个温暖的家。

附 录

正念课程学员回顾

友心人心理社区/喜马拉雅 FM 汇辑

学员整体反馈

"两个月八节的正念课,让我接触了一套新的行动观。在以前,我做不好事情总是会责备自己没有努力,好像严厉地要求自己可以锻炼自己的意志力和专注力一样,但事实是更多时候,负面念头一个接一个,自己最终陷入深深无力。安安老师的一句'**那些精通正念的人只是更擅长不断重新开始**'点醒了我,在练习中、工作中失败了是常态,就像观呼吸时注意力容易一遍遍走开一样,接纳跌倒的自己,温柔地把注意力拉回来重新开始,这本身就是最恒常的意志力和专注力的锻炼。**正念练习中有太多启发的瞬间,让我看到了自己性格中的硬结是如何束缚住了我**。练习的过程是艰难的,但更是充满意义的。"

"现在我每天都练习正念,每天都写正念观虫日记,一周至少写一次正念沟通日记,情绪已大为好转。就算有时情绪很差,我也在想,待会儿我会观情绪和观想法的,现在就体会一下这种情绪吧。**它是来提醒我要关注它的。安安老师说过,做正念要带着一种试试看的心态**,我觉得很对,做正念前不知道它有没有用,不过我愿意试试看。"

"我正念过程中悟出的东西是,许多痛苦来自于执念本身,造成我们不肯接受当下。我们没有走上奋起之路,反而被痛苦打倒了,需要正念来调整心态,继续上路继续爬。**痛苦也是进步。就像操场上跑圈,回到起点,似乎是没什么变化,但有些东西就是不一样了**,就算你的各种状态属性都貌似和跑前一样,但,就是不一样了……"

"大脑,也就是我们的心思意念,有思索事情的强大力量,一旦我们把对事情的想法和事实本身混淆,负面情绪就出现了。所谓的想法包含了我们对事实的诠释和判断,这些都不是事实本身,它们只是想法而已。正念就是要帮助我们区分这个差异,认清事实,但不要被诠释这个事实的负面想法所左右,这样才能够跳脱恶性循环,能够看见这个区别,就等于掌握了正念的钥匙。"

"好像已经养成了习惯:发现自己有负面情绪,会在手机备忘录记录整理自己的情绪想法,观察它,看看有什么不对的,在手机备忘录里写下来,然后让自己冷静下来。比如看到讲原生家庭父母的文章,就会想到在成长过程中受的伤,会有怨、会难受,以前就会陷入坏情绪中,难受很久。现在会告诉自己:过去发生的一切回不去,与其花费时间精力在怨恨、懊恼、难受、不能改变的事情上,不如 focus(集中)在当下,focus 在该做的能做的事情上,接纳!然后想办法打好手上的牌就好。

写在手机备忘录上,自己好像真的就会慢慢平静下来。"

最重要的是坚持

"早上起来,做了三分钟正念沙漏,再做想象练习,**现在身体很舒服,很柔软**。这是老师说的要给自己补充能量。"

"内在小孩我现在每天都要听一次。**从一开始的不肯沟通,到现在的开始沟通**,已经很好了。"

"我觉得重点是养成每天练习的习惯,真的会好很多。**杂念变少,专注力加强。遇到负面情绪也会很快转移。**"

我在螺旋式进步

"最近心情好多了,越来越看清楚事情的真相,而且也内心独立,自我爱护。"

"我感觉自己学了正念,情绪少了很多,变得比较理性,也没那么抑郁了。"

"所有的自己认为过不去的坎,当我们回头去看的时候,那只是我们以为的而已。"

"通过正念练习,我感觉到自己的心有绿色小芽长出来,以前心里就是一片杂草。非常感谢正念课程。"

"观虫原理很有逻辑。十分感谢。"

正念进食

"正念进食,能让我的味觉放大,新鲜蔬菜的味道变得更加鲜甜,重口味的东西显得味道更重了。在吃这个黑椒鸡排的时候,我明显感到自己的喉咙是不舒服的。正念也能帮助我观察自己的身体状况。"

"好像从未想过黑巧克力会如此丝滑香甜。我感到自己的味觉得到了充分的释放。原本不喜欢吃巧克力,吃完之后却奇妙地感到牙缝中留香。我吃出了一种平静踏实的感觉。"

"吃的红薯干,刚开始是粘牙的。通过咀嚼,慢慢地就融化了,变成沙沙的,牙齿咀嚼能感受到细胞破裂的感觉,然后慢慢咽下,觉察到红薯的粗糙淀粉感,再慢慢滑落到胃里,是敦实温暖的感觉。"

"我倒没有感觉食物有多大变化,但是对老师提到的其中一项感觉——触觉——有些感受。我觉得自己的手好神奇,通过肌肉运动,能把食物正确地拿起来,并放到嘴巴里。就是那种大脑无意识地在控制着一些举动。"

开启味觉

"以前没觉得芒果的味道这么有层次。"

"巧克力有层次感,丝滑,好吃。"

"食物变得美味了。喝酸奶时,把罐上的字都看了一遍,平时觉得不怎么甜的酸奶,今天喝觉得好甜!"

"感觉红酒更涩,更酸……"

"咖啡除了苦,还有很甘的感觉。"

"食物的味道有了层次。"

身体在诉说自己

"第一次感觉食物在食道里面走。"

"第一次感觉到了吞咽这个下意识动作。"

"内部脏器应该是'黑暗感觉',进入食道和胃的感觉。真的能体验得到。"

"我感觉胃痛。"

我减肥全靠它了

"这样吃,真的会选择性吃东西,会更有生活质量,当然应该也会避免垃圾食品。"

"红酒没开始喝前酒香很明显,但是专注以后反而酒香没那么明显了。"

"味道不好的食物就会吞不下去了。"

很久没这么专注了

"当进入专注的状态,又不忘觉察其他身体的反应时,第一次体验到多感官的同时存在,独立又有关联,好有趣。"

观呼吸

"在观察呼吸时,我发觉心中的杂念会变得很少,身体也开始变得柔软。"

"在做练习的时候,虽然心中会有杂念,但每每听到那句反复吟诵的'什么都不需要想,哪里都不需要去',我就会不由自主地放下执念,将注意力回归到呼吸上来。"

心情变得好轻松
"感觉到了草原,空气很清新,而且很放松。"

睡眠质量变好了
"很舒服,心很静。"

身体扫描

"我感到探照灯照在身上很温暖,做完之后我的身体明显感到非常放松。"

"我尝试以接纳的态度来观察身体,我能感觉到肩颈的疼痛,但我愿意跟它们和平共处。我不再抗拒和批判,所以身体也渐渐放松下来,变得很舒服。"

"当我有意识地跟随'探照灯'去放松身体的每一个部位时,发现自己很快进入了睡眠,但也自主地在练习结束之前醒了过来。这个时候,身体不再感觉到疲惫,真的很奇妙。"

我几乎要睡着了
"闭着眼睛躺床上练习,接受自己。"

"通过一周练习,对身体的敏感度提高了,而且开始有意识地观察当出现情绪高涨或低落时,身体哪些部位反应强烈,以此作为调节情绪的依据之一。做身体扫描和正念洗澡的练习,再加上正念走路，发现动态的情况下我对身体的觉知与敏感要比静态身体扫描高。"

"有一次在做观身体练习时，眼里充满了泪水，和身体紧紧拥抱，这才意识到长久以来疏忽了自己的身体。"

会痛

"感觉身体很累，全身重重的。"

"比如我膝盖发炎，观身体时能明显察觉到膝盖位置隐隐发痛。"

"身体本来不舒服的部位感觉会被放大。"

"探照灯照下来大部分部位有温暖与酥麻感，但腹部有沉重和胀满感，背部酸痛。"

"有时候肌肉会有点小抽动。"

奇奇怪怪的感觉

"在关注自己的呼吸的时候，能感觉到每次心跳都会加速。"

"我每次观身体或放松时都会觉得这里好痒，那里好痒，好想抓一下。"

正念行走

"由于正念让我专注在行走上，所有感官都放大了，我变得更加轻松，步伐也更加轻快。"

"我则是相反，今天正念行走，我能明显感到腿和脚掌的酸痛！"

身心合一的呼吸

"刚开始精神有点不集中而且心跳很快，后来观想吸气时，一股清凉的气流从鼻腔流入头顶再流散到全身，呼气时把身体的疲惫感呼出……最后精神也能集中了……"

"感觉观呼吸的时候是有意识地一呼一吸，是身心合一的呼吸，做到后面就不会那么刻意地呼吸，而是自然地呼吸。"

正念体操

"第二个一分心就错乱了。"

"第二个实在是……现在还有点懵。"

"秘诀是要放空头脑，在两个拍子的最小公倍数的点上检查。"

"正念舞蹈开始越来越熟练了，第一个已经可以不间断快速重复，第二个稍慢一点。"

正念洗澡

"我觉得洗澡的时候借助热水冲淋身体部位，可以集中感觉感受那个部位。"

"我今天感受到了冲淋的力度在按摩皮肤。"

正念观虫日记

	学员练习分享	
今天我遇到的影响心情的事件是什么	因为购买装用品和老公吵架	今天花了不少钱买一件东西	今天跟一家媒体会展公司谈事情，对方问我的职责范围，我回答说，我不负责项目，也不负责投后管理，只负责一些运作协调，包括品牌、媒体、会展等事情	学舞时，边上总会碰到个女生，皮肤白皙，长得标致，不常笑，学舞很快，我赶紧凑长得漂亮又学东西学得快又好的人。今晚她在和我身边的人小声讲话，笑了几次，就瞒想成她们在笑话我跳舞动作很奇怪
那时我的感受、想法和反应是什么	愤怒，又兴奋又心疼，觉得自己总管不住自己花钱，给家里买东西，自己省吃俭用，自己要控制的，我就是个要被欲望吞噬的人，冲动消费	我感觉胸口有点堵，好像自己都拉回到一个要面对的现实，我一瞬间仿佛被纠结结果不是要实话实说，或者换个说法。我实话实说后，仿佛觉得自己做轻视了，自己为什么要做这些？我为什么不是一贯自以为是的那么专业而强大？我感觉到挫败。进而似乎觉得对方也有轻视，这个人是不是在骗我骗喝，我在想我是不是要拿自己其他风光的成果出来跟他们展示一下	当时的身体感受：身体反应变慢，跳舞节奏跟不上，感觉怎么都记不住动作，面目表情有些紧张，不开心，有试着让自己放松紧的想法，然而当面对现实时，我却更加记不住舞蹈动作，感觉自己又变笨了 反应：不能全身心专注学舞蹈，现在回想当时的情绪，感觉不舒服，刚去吃核桃逃避，我应该面对它 当时发生这件事，我的反应是，学舞结束后，心情有些沉重。然后，计划今晚和明天的事。不安的感觉上来了，所以我才这么急于安排接下来的生活。可是，当我坐到椅子上，又不想干什么事了，没有好好对待情绪吧

虫虫躲在哪里	夸大虫	过度类化、夸大与贬低、贴标签虫	二分法：工作分好工作和差工作，我做了差工作 过度类化：做一段时间的工作，就意味着一直、永远、绝对地离开专业 选择性摘要：只看到我的工作目前的状况，没有看到其实职责范围是非常灵活的，主要取决于我想做什么。另外我也拒绝去看这份工作中的价值，而是只看那些可能不那么精彩的部分 夸大与贬低：夸大了自己的不如意，贬低了自己的成就	随意推断别人对自己负面的想法，还联想到童年的阴影，这其实是梦境，白天我是梦境，也是我童年时期被压抑的感觉 选择性摘要。童年时期被笑话的不快乐情绪仿佛影响，就认为别人是在重复童年时期那样害自己

(续)

正念练习后，我的新选择（回应）是什么	正念练习后的回应选择	学员练习分享
	好吧，我买了，至少我的心里舒服了。这东西是保值的，没有必要太过于责怪自己，今后懂得理性消费就好	我做一份堂堂正正的工作，拿着可观的薪水，我也有很多有价值的想法。退一万步讲，最初对于运营这个岗位我只打算做这一年，就考虑只尝试两年。不行可以再出发。两年的时间，并不是不可接受的大事。**梦中知梦，看到自己思维和情绪如虫。看到自己被好走好**明白，活在当下，接纳当下
	先转移话题，体会老公在装修上对家里的贡献	我在被随意推论的虫虫咬着，被童年不快乐的情绪影响着。那时候没好好对待你，我现在会好好接纳你的 下次练舞时，我想摘掉有色眼镜，不去随意推断别人对我跳舞的评价，好好感知自己跳舞时的感受和状态。没人会再随意嘲笑我的，重要的是，我自己也更加强大，自信了 因为现在的人更加包容，

观情绪

"我现在控制情绪的能力提高了好多呢,每次感觉到这一点,我都非常愉快,然后良性循环……"

"我也是,以前心情一直低落,练习正念好多了。"

慈悲心的练习

原谅不了讨厌的人

"最近很讨厌的人,是自己。"

"做完慈悲心的练习,试着探索了一下关于不能给予讨厌的人祝福背后的深层原因……"

"反而是给陌生人祝福的时候很坦荡,给亲近的人祝福时反而觉得很拘束。"

我为什么会哭

"听到'讨厌的人'的时候,真的想哭。"

"祝福自己的时候好想哭。"

"总觉得自己不够爱自己。"

"我觉得心里面有一种特别难以形容的情绪在涌动。"

内在小孩的练习

"我今天做完内在小孩的时候,泪水忍不住地一直往下流,现在才好点。"

"眼泪止不住,感觉内在小孩抓着我,不舍得放我走,还好安安老师提醒我醒来。"

正念沟通日记

"多谢老师,我运用了安安老师教授的沟通技巧,以及对对方的心理上的同理分析,我最终改善了彼此的交流习惯,找到了适合对方的沟通方式。我们彼此的感情更加深厚了。并且这段时间的正念练习帮助我学会体察自己的情绪,去观察它,而不是马上做出反应,我对自己情绪的控制能力变强了。谢谢安安老师。"

参考文献

[1] BECK A T, STEER R A, GARBIN M G. Psychometric properties of the Beck Depression Inventory: Twenty-five years of evaluation [J]. Clinical Psychology Review, 1988, 8(1): 77 – 100.

[2] BLOCK LERNER J, ADAIR C, PLUBM J C, et al. The case for mindfulness-based approaches in the cultivation of empathy: Does nonjudgmental, present-moment awareness increase capacity for perspective-taking and empathic concern[J]. Journal of Marital and Family Therapy, 2007, 33(4): 501 – 516.

[3] BROWN K W, RYAN R M, CRESWELL J D. Mindfulness: Theoretical foundations and evidence for its salutary effects[J]. Psychological Inquiry, 2007, 18(4): 211 – 237.

[4] CARSON J W, CARSON K M, GIL K M, et al. Mindfulness-based relationship enhancement (MBRE) in couples. In BAER R A (Ed.), Mindfulness-based treatment approaches: clinician's guide to evidence base and applications [M]. San Diego: Academic, 2006.

[5] DAVIDSON R J. Empirical explorations of mindfulness: Conceptual and methodological conundrums[J]. Emotion, 2010, 10(1): 8 – 11.

[6] DAVIDSON R J, LUTZ A. Buddha's brain: Neuroplasticity and meditation [J]. IEEE Signal Processing Magazine, 2008, 25(1): 171 – 174.

[7] DAVIDSON R J, KABAT ZINN J, SCHUMACHER J, et al. Alterations in brain and immune function produced by mindfulness meditation [J]. Psychosomatic Medicine, 2003, 65(4): 564 – 570.

[8] DEKEYSER M, RAES F, LEIJSSEN M, et al. Mindfulness skills and interpersonal behavior[J]. Personality and Individual Differences, 2008, 44

(5):1235 - 1245.
[9] DHAMMADHARO A L. Keeping the breath in mind & lessons in samadhi [M]. Valley Center, CA: Metta Forest Monastery, 2000.
[10] EMMONS R A. Gratitude works! A twenty-one day program for creating emotional prosperity[M]. San Francisco: Jossey-Bass, 2013.
[11] GERMER C, SIEGEL R, FULTON P. Mindfulness and psychotherapy[M]. New York: The Guilford Press, 2005.
[12] GILLIS CHAPMAN S. The five keys to mindful communication: Using deep listening and mindful speech to strengthen relationships, heal conflicts, and accomplish your goals[M]. Boston: Shambhala, 2012.
[13] GILUK T L. Mindfulness, big five personality, and affect: A meta-analysis [J]. Personality and Individual Differences, 2009, 47(8):805 - 811.
[14] GOLEMAN D. Focus: The Hidden Driver of Excellence[M]. New York: HarperCollins, 2013.
[15] HANH T N. The miracle of mindfulness: An introduction to the practice of meditation[M]. Boston: Beacon Press, 1999.
[16] JAMIESON J P, NOCK M K, MENDES W B. Mind over matter: Reappraising arousal improves cardiovascular and cognitive responses to stress[J]. Journal of Experimental Psychology, 2012, 141(3):417 -422.
[17] JHA A P, STANLEY E A, KIYONAGA A. Examining the protective effects of mindfulness training on working memory capacity and affective experience[J]. Emotion, 2010, 10(1), 54 - 64.
[18] KABAT ZINN J. Full catastrophe living: Using the wisdom of your body and mind to face stress, pain, and illness [M]. New York: Delacorte Press, 1990.
[19] KABAT ZINN J. Wherever you go, there you are: Mindfulness meditation [M]. New York: Hyperion, 1994.
[20] KABAT ZINN J. Meditation is about paying attention[J]. Reflections: The SoL Journal, 2002, 3(3): 68 -71.

[21] KABAT ZINN J. Mindfulness-based interventions in context: Past, present, and future[J]. Clinical Psychology: Science and Practice, 2003, 10(2): 144 -156.

[22] KABAT ZINN J. Coming to our senses, healing ourselves and the world through mindfulness[M]. New York: Hyperion, 2005.

[23] KABAT ZINN J. Mindfulness for beginners: Reclaiming the present moment—and your life[M]. Boulder, CO: Sounds True, 2012.

[24] KELLER A, LITZELMAN K, WISK L E, et al. Does the perception that stress affects health matter? The association with health and mortality[J]. Health Psychology, 2012, 31(5): 677 -684.

[25] KENG S L, SMOSKI M J, ROBINS C J. Effects of mindfulness on psychological health: A review of empirical studies[J]. Clinical Review, 2013, 31(6): 1041 -1056.

[26] KILLINGSWORTH M A, GILBERT D T. A wandering mind is an unhappy mind[J]. Science, 2010, 330(6006): 932.

[27] KOINIOS J, BEEMAN M. The Eureka Factor: Aha Moments, Creative Insight, and the Brain[M]. New York: Random House Inc, 2015.

[28] KRAM G E. Transformation through feeling: Awakening the felt sensibility [M]. Berkeley: CreateSpace Independent Publishing Platform, 2011.

[29] LEUNG M K, CHAN C C H, YIN J, et al. Increased gray matter volume in the right angular and posterior parahippocampal gyri in loving-kindness meditators[J]. Social Cognitive and Affective Neuroscience, 2013, 8(1): 34 -39.

[30] MRAZEK M D, FRANKLIN M S, PHILLIPS D T, et al. Mindfulness Training Improves Working Memory Capacity and GRE Performance While Reducing Mind Wandering[J]. Psychological Science, 2013, 24(5): 776 -781.

[31] NEEDLEMAN J, BAAKER G. Gurdjieff Essays and Reflections on the Man and His Teaching[M]. New York: Continuum, 1996.

[32] NELSON P. There's a Hole in My sidewalk: The Romance of Self-Discovery

[M]. Hillsboro: Beyond Words Publishing, 1994.

[33] PHILLIPS J. Letters from the dhamma brothers: Meditation behind bars [M]. Onalaska: Pariyatti Publishing, 2008.

[34] POULIN M J, BROWN S L, DILLARD A J, et al. Giving to others and the association between stress and mortality[J]. American Journal of Public Health, 2013, 103(9):1649-1655.

[35] RICARD M. Happiness: A guide to developing life's most important skill [M]. London: Atlantic Books, 2012.

[36] ROBERTS T. The mindfulness workbook: A beginner's guide to overcoming fear and embracing compassion [M]. Oakland: New Harbinger Publications, 2009.

[37] RUMI J, COLEMAN B, MOYNE J. The Essential Rumi[M]. London: Penguin Classics, 1997.

[38] SALTZMAN A. Still quiet place: Practices for children and adolescents to discover peace and happiness[M]. Menlo Park: Still Quiet Place, 2008.

[39] SCHMERTZ S K, ANDERSON P L, ROBINS D L. The relation between self-report mindfulness and performance on tasks of sustained attention[J]. Journal of Psychopathology and Behavioral Assessment, 2008, 31 (1): 60-66.

[40] SEELIG T L. InGenius: A crash course on creativity [M]. New York: HarperOne, 2012.

[41] SEGAL Z V, WILLIAMS J M G, TEASDALE J D. Mindfulness-based cognitive therapy for depression: A new approach for preventing relapse[M]. New York: The Guilford Press, 2002.

[42] SHAPIRO S L, CARLSON L E, ASTIN J A, et al. Mechanisms of mindfulness[J]. Journal of Clinical Psychology, 2006, 62(3): 373-386.

[43] SHAPIRO S L, OMAN D, THORESEN C E, et al. Cultivating mindfulness: Effects on well-being[J]. Journal of Clinical Psychology, 2008, 64 (7): 840-863.

[44] SMALLEY S, WINSTON D. Fully present: The science, art, and practice of mindfulness[M]. Philadelphia: Da Capo Press, 2010.

[45] STAHL P D, GOLDSTEIN P D. A mindfulness-based stress reduction workbook[M]. Oakland: New Harbringer Publications, Inc, 2010.

[46] TANG Y Y, LU Q, FAN M, et al. Mechanisms of white matter changes induced by meditation[J]. Proceedings of the National Academy of Sciences of the United States of America, 2012, 109(26): 10570 –10574.

[47] TANG Y Y, LU Q, GENG X, et al. Short-term meditation induces white matter changes in the anterior cingulate[J]. Proceedings of the National Academy of Sciences of the United States of America, 2010, 107(35): 15649 –15652.

[48] TRUNGPA C. The path is the goal: A basic handbook of buddhist meditation[M]. Boston: Shambhala, 1995.

[49] WEIGEL J. Be more mindful for a better workplace[N]. Chicago Tribune, 2012 –08 –21.

[50] WILLIAMS J M. Mindfulness and psychological process[J]. Emotion, 2010, 10: (1)1 –7.

[51] WILLIAMS J M G, KABAT ZINN J. Mindfulness: diverse perspectives on its meaning, origins, and multiple applications at the intersection of science and dharma[J]. Contemporary Buddhism, 2011, 12(1): 1 –18.

[52] WILLIAMS J M G, RUSSELL I, RUSSELL D. Mindfulness-based cognitive therapy: Further issues in current evidence and future research[J]. Journal of Consulting and Clinical Psychology, 2008, 76(3): 524 –529.

[53] WILLIAMS M, PENMAN D. Mindfulness: An eight-week plan for finding peace in a frantic world[M]. New York: Rodale Books, 2012.

[54] WOLEVER R Q, BOBINET K J, MCCABE K, et al. Effective and viable mind-body stress reduction in the workplace: a randomized controlled trial [J]. Journal of Occupational Health Psychology, 2012, 17(2): 246 –258.